KB013960

내가 사랑한 지구

판구조론,

지질학자들이 밝혀낸

지구의 움직임

내가 사랑한 지구

최덕근 지음

Humanist

차례

책을 시작하기에 앞서 7

0.   판구조론의 발자취를 찾아서   11

I장   지질학의 탄생   15
거대한 협곡, 단순한 법칙 16 · 100년을 앞서 산 과학자 19 · 현재는 과거의 열쇠 24 · 최초의
지질도 29 · 동일과정설의 전도사 34

2장   지구는 마른 사과(1910년 이전)   43
지구의 중심을 들여다보다 44 · 땅 밑의 비밀 46 · 켈빈의 공격 48 · 지질학의 수호자들 51 · 지구
에서 떨어져 나간 달 57 · 수축하는 지구 62 · 곤드와나와 아틀란티스 대륙 66 · 지구수축설, 설
자리를 잃다 70 · 테일러의 미완성 대륙이동설 82

3장   베게너와 움직이는 대륙(1910~1945)   87
대륙이 움직인다? 88 · 젊은 시절의 베게너 90 · 대륙이동설의 탄생 93 · 대륙이동의 증거들
97 · 유럽에서의 반응 106 · 영국에서의 환영과 홀대 110 · 미국에서의 수모 115 · 베게너의 죽음
125 · 대륙이동설의 지지자들 131

4장 바다 밑에 숨겨진 비밀(1945~1970) 143

해양학, 뿌리를 내리다 144 · 필드 교수가 양성한 해양 연구 4총사 149 · 해리 헤스 150 · 모리스 유잉 152 · 에드워드 불러드 157 · 존 투조 윌슨 159 · 심해 연구의 메카: 라몬트 지질연구소 160 · 헤스의 해저확장설 168 · 극이 이동한다? 171 · 해양 자기이상의 얼룩말 무늬 177 · 윌슨의 활약 184 · 바뀐 세상 194 · 바다 밑에서 일어난 지진 198

5장 지구 과학의 혁명, 판구조론(1970년 이후) 205

지구의 과거와 현재, 그리고 미래 206 · 지구의 판 207 · 판의 경계 211 · 판의 움직임과 윌슨주기 219 · 판 이동의 원동력 225 · 플룸 구조론 228

맺음말 232

참고 문헌 237
찾아보기 240

나는 어렸을 때 지구가 평평할지도 모른다고 생각했다. 학교에서는 분명 지구가 둥글다고 배웠지만, 내 눈앞에 펼쳐진 땅덩어리는 끝없이 평탄했기 때문이다. 배를 타고 멀리 나가면, 바다 가장자리에 거대한 폭포가 있어, 어딘지 모를 심연 속으로 빨려 들어갈지도 모른다는 어처구니없는 상상을 하기도 했다. 지구가 둥글다는 사실을 알면서도 '지구 반대편에 있는 사람들은 거꾸로 서 있는 것이 얼마나 불편할까.' 하고 걱정했던 적도 있었다. 물리 수업에서 중력을 배웠음에도 나의 상상 속에 펼쳐진 세계는 중력과 아무 상관이 없었다. 그러다가 난생 처음 비행기를 타고 태평양 상공에서 커다란 호를 이룬 수평선을 보았을 때, 비로소 실감할 수 있었다. 지구가 둥글다는 것을.

나처럼 오랫동안 과학계에 몸담고 있는 사람도 책에서 배운 내용을 제대로 이해하기까지 많은 경험과 확인을 거쳐야 했던 점을 감안하면, 과학적 지식이 상대적으로 적은 일반인들에게 연구 결과를 무조건 믿고 받

7

아들이라고 강요하는 것은 무리일지도 모른다.

대학에서 오랫동안 1~2학년 학생들을 위한 교양과목으로 지구에 관한 강의를 해 오면서 고민했던 것은 어떻게 하면 좀 더 쉽게 우리의 지구를 설명할 수 있을까였다. 수업 중에는 학생들에게 '왜?'라는 질문을 많이 던진다. 왜 산은 높고 바다는 깊을까? 바닷물은 왜 짤까? 하루는 왜 24시간일까? 평소에는 '왜'라는 질문조차 생각해 보지 않았던 당연한 것들에 의문을 던진다. 당연한 질문에서 출발해 그 결과를 일으킨 원인을 추적해가다 보면, 우리가 살고 있는 지구를 더 잘 이해할 수 있게 된다고 믿기 때문이다.

이러한 문제를 다루다 보면 옛날 사람들은 어떻게 생각했을지, 그리고 당시 사람들은 왜 그렇게밖에 생각하지 못했을까 하는 질문에 맞닥뜨리게 된다. 이는 철들기 시작하면서 모든 것이 궁금하기만 한 어린이들이 성장하면서 겪는 사고의 과정과 비슷하기도 하다. 나는 어떤 주제를 역사적으로 더듬어 본다면, 그 과정 속에서 학생들이 과학을 더 잘 이해할 수 있을 것이라고 믿는다. 그래서 비록 자연과학을 가르치고 있지만, 수업을 할 때에는 강의 구성을 역사적으로 짜려고 한다. 최근 들어서는 초·중·고등학교 학생이나 일반인을 위한 교양강좌를 할 기회가 많은데, 그 경우에도 반드시 문제를 역사적으로 접근해 간다.

판구조론이라는 새로운 지구 이론이 서양 지구과학 사회에서 소용돌이치고 있던 1960년대 후반, 나는 지질학을 전공하는 대학생이었다. 하지만 대학을 졸업할 때까지 이러한 내용은 전혀 알지 못했다. 판구조론

이라는 용어를 처음 만난 것은 부산에서 군 생활을 하고 있을 때였다. 1971년 학사 장교로 임관한 후, 나는 부산에 있는 육군병기학교에서 베트남 참전 대가로 미국이 제공한 장비의 사용설명서를 번역하여 일선 부대로 보내는 일을 했다. 하루에 번역해야 할 분량이 정해져 있었기에 어느 정도 용어에 익숙해지자 두세 시간이면 맡은 일을 끝낼 수 있었다. 이렇게 해서 남은 시간에 전공과 관련된 서적을 읽기도 하고, 일본어 공부도 시작할 수 있었다. 주말이 되면 시내의 외국 서적을 취급하는 서점을 돌아다니며 구경하는 일이 커다란 즐거움이었다. 그러던 어느 날, 남포동의 한 서점에서 흥미로운 제목의 책 하나를 발견하였다.《새로운 지구관(新しい 地球観)》. 일본의 이와나미신서(岩波新書)에서 발간한 문고판으로 값도 쌌지만, 지구에 관한 내용일테니 전공과 일본어 공부를 겸할 수 있을 것이라는 생각에 책을 사서 읽기 시작했다.

사전을 찾아가며 책을 읽어나가기 시작하자 눈앞에 놀라운 일이 펼쳐졌다. 내가 대학 4년을 다닐 동안 한 번도 들어본 적이 없는 Plate Tectonics(판구조론)라는 내용을 다루고 있었기 때문이었다. 지구 표면은 여러 개의 판으로 이루어지며, 그 판의 상호 움직임에 따라 지금 지구에는 지진이 일어나기도 하고 화산도 분출한다는 내용이었다. 책은 그 이론을 뒷받침하는 여러 가지 지질학적 증거들을 체계적으로 정리하여 자연스럽게 내용에 빠져들도록 구성되어 있었다. 그래서 서툰 일본어에도 불구하고 빠른 속도로 책을 읽어나갈 수 있었다. 책을 다 읽고 나자《새로운 지구관》이란 제목처럼 나의 지구관은 새롭게 변해 있었다.

이 책에서 다룰 내용은 현재 지구의 움직임을 명쾌하게 설명해 주는 판구조론의 탄생 과정이다. 판구조론이 지질학에서 차지하는 중요성은 진화론이 생물학에서 차지하는 위상과 같다. 바꾸어 말하면 판구조론이 없는 지질학은 과학이라고 말할 수 없으며, 판구조론을 통해서 지구를 볼 때 비로소 지구를 제대로 이해할 수 있다는 뜻이다.

판구조론이 과학계에 공식적으로 등장한 때는 1970년 무렵이며, 따라서 지질학이 과학다워진 것은 1970년 이후라고 할 수 있다. 19세기 초 지질학이 자연과학의 한 분야로 탄생한 이래 판구조론이 지구과학의 핵심 이론으로 등장하기까지 그 수를 헤아릴 수 없을 정도로 많은 과학자들의 뼈를 깎는 노력이 있었다. 이 과정에서 탄생한 성공과 실패담은 마치 한 편의 드라마를 보는 것과 같다. 사람들이 어떤 자연현상에 대해서 예전에는 왜 그렇게 생각할 수밖에 없었으며, 지금은 또 왜 이렇게 생각하게 되었는지 알아가면서 자연스럽게 내가 살아가고 있는 이 지구를 이해할 수 있게 되기를 기대해 본다.

이 책이 현재의 모습으로 태어나기까지 함께 고민해 준 휴먼사이언스 편집부에 고맙게 생각한다. 아울러 책을 준비하는 동안 편안하게 글을 쓸 수 있도록 옆에서 도와준 아내에게 감사의 뜻을 전한다.

2015년 봄

관악 도산재(鴻山齊)에서

0.
판구조론의 발자취를 찾아서

2004년 마지막 일요일인 12월 26일 오후, 지구환경과학부 교수들과 함께 타이베이로 가는 비행기에 몸을 실었다. 연구 환경이 비슷한 타이완의 몇몇 대학과 연구 기관을 둘러보고 우리 학문의 위상을 점검해 보기 위해서였다. 인천공항을 떠나 2시간 남짓 비행한 후, 장개석 공항 하늘에서 내려다본 타이완의 풍경은 우리나라와 크게 다르지 않았다. 마치 조각이불을 펼쳐 놓은 것 같은 논과 밭, 그 사이를 굽이굽이 흐르는 강, 그리고 옹기종기 모여 있는 마을의 모습에서 이국적인 느낌을 찾기란 어려웠다. 한국을 떠난 지 2시간밖에 지나지 않았기 때문이겠지만 공항을 빠져나와 타이베이로 가는 버스 속에서도 마치 우리나라의 어딘가를 여행하고 있는 것 같은 착각이 들었다.

타이완은 처음 방문하는 곳이다. 나는 주로 5억 년 전의 암석을 연구하고 있기 때문에 대부분 1억 년보다 젊은 암석으로 이루어진 이곳을 방문할 기회가 없었다. 그저 단순히 우리가 타이완보다는 연구 역량이 한 발 앞서 있을 것으로만 생각했다. 그러나 국립 타이완 대학교와 중앙연구소를 방문한 후 연구 능력과 수준이 한 수 위라는 것에 상당한 충격을 받게 되었다. 연구 자세를 새롭게 해야겠다는 다짐을 해 보았다.

나는 외국에 나가면 신문이나 TV를 잘 보지 않는 편이다. 뉴스에 관심이 없기도 하지만, 해야 할 일에 몰두하기 위해서다. 그런데 도착한 다음날 아침, 일행 중 누군가가 어제 인도네시아에서 큰 지진이 일어났는데 그로 인한 쓰나미로 수천 명이 사망했다는 뉴스를 전했다. 지진은 땅 밑의 암석이 어긋나면서 방출된 엄청난 에너지가 지구 곳곳으로 퍼져나가면서 일어나는 현상이다. 절의 종소리가 사방으로 퍼져나가는 것처럼 지진에 의해 발생한 파동에너지는 지구 속을 퍼져나간다. 쓰나미는 바로 이 지진 때문에 일어나는 현상으로 지진이 발생한 부근이 있던 바닷물이 밀려나가다가 해변에 도착하여 엄청나게 큰 파도를 만든다. 평소에는 바닷가에 운치를 더해 주던 파도가 성난 모습으로 바뀌어 바닷가 마을을 삼켜버리는 무시무시한 자연 재앙인 것이다.

타이완 방문의 마지막 행사는 타이베이 북쪽에 있는 양명산이라는 화산을 방문하는 일이었다. 높지는 않지만, 산꼭대기에 다가갈수록 곳곳에서 뿜어져 나오는 수증기와 연기에 두려움이 느껴졌다. 지질학을 전공하기 시작한 지 30여 년이 넘었지만, 활동 중인 화산을 가까이에서 접해 본 것은 처음이었다. 산허리의 바위틈 곳곳에서 뿜어져 나오는 뜨거운 수증기와 썩은 달걀 냄새를 풍기는 유황가스로부터 땅 밑에서 꿈틀거리고 있는 마그마의 모습이 그려졌다.

인도네시아의 지진과 쓰나미, 그리고 타이완의 화산은 전혀 다른 지구 현상이지만, 이는 지구가 끊임없이 움직이고 있다는 사실을 알려 주는 강력한 증거다. 쓰나미로 폐허가 되어버린 도시와 화산에서 분출하는 가스와 용암이 마을을 삼키는 광경을 보면 지구가 실제로 살아 움직이는 거대한 생명체 같다는 착각에 빠져들기도 한다. 그렇다면 지진은 왜 일어나는 걸까? 화산은 왜 분출하는 것일까? 우리의 지구를 자세히 들여다보면 볼수록 궁금한 점이 많아진다. 이러한 궁금증을 풀어 주는 지구 이론이 1970년에 등장한 판구조론(Plate Tectonics)이다. 이제 그 시간을 거슬러 올라가 지질학의 탄생 현장에 들어가 보자.

I장   지질학의 탄생

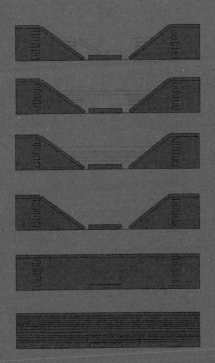

2012년 6월 3일, 차를 몰아 미국 그랜드 캐니언 국립공원 주차장에 들어섰다. 그랜드 캐니언은 2002년 영국 BBC방송국의 설문조사 '죽기 전에 가봐야 할 50곳' 중에서 1위를 차지했다. 벌써부터 가슴이 설렌다. 내가 수년 동안 서울대학교의 핵심교양 교과목인 〈지구의 이해〉라는 수업에서 퇴적암을 소개할 때 보여 주는 첫 번째 슬라이드가 그랜드 캐니언이지만, 나 자신도 그랜드 캐니언을 방문하는 것은 이번이 처음이기 때문이다.

거대한 협곡, 단순한 법칙

그랜드 캐니언(Grand Canyon)을 우리말로 풀어 보면 '거대한 협곡'이라는 뜻을 가지고 있다. 미국 중서부의 콜로라도 고원에 깊게 파인 골짜기를 따라 2킬로미터의 깎아지른 절벽이 굽이굽이 이어지는 모습에서 자연의 경이로움이 보인다. 그랜드 캐니언의 또 다른 경이로움은 울긋불긋한 암석들이 마치 시루떡처럼 켜켜이 쌓여 있는 모습이다. 이곳에 맨 처음 도착한 사람들은 이 숨 막히는 광경 앞에서 어떤 느낌이었을까? 동북

그림 1-1. 미국 애리조나 주에 위치한 그랜드 캐니언. 골짜기 바닥에 있는 약간 검은 암석은 약 7억 년 전 변성암이고, 그 위에 차곡차곡 쌓인 암석은 고생대층이다. 두 암석은 약 2억의 시간을 의미하는 부정합으로 나뉜다.

아시아에 살던 인류가 베링 해협을 건너 북아메리카 대륙에 도착한 것은 약 1만 2000년 전으로 알려져 있다. 그로부터 오랫동안 북아메리카 대륙은 미국 원주민의 생활터전이었고, 15세기 유럽 사람들이 들어올 때까지 대륙의 주인은 그들이었다. 1492년 크리스토퍼 콜럼버스(Christopher Columbus)가 아메리카 대륙을 발견했다고 주장한 이후에도 한동안 그랜드 캐니언 지역은 외부인의 발길을 허용치 않았다. 황량하고 험준한 산세가 사람의 접근을 막았기 때문이었다.

이곳이 세상에 알려지기 시작한 것은 고작 150년 밖에 되지 않았다.

스페인 탐험가들이 그랜드 캐니언을 처음 방문한 때는 1540년 무렵이었고, 미국인들의 발길로 본격적인 탐험이 시작된 것은 1850년대에 이르러서이다. 그 후 그랜드 캐니언을 특별히 좋아했던 미국 제22대 대통령 시어도어 루즈벨트(Theodore Roosevelt)의 노력으로 1919년 국립공원에 지정되면서 세계적으로 알려지게 되었다.

사람들이 이 거대한 협곡 앞에 섰을 때 떠오르는 첫 번째 질문은 아마도 '암석이 어떻게 이처럼 질서 정연하게 쌓였을까?'일 것이다. 지질학자로서 이 질문에 답하기란 쉽다. 지질학 입문서의 첫 부분에 소개되는 지질학의 기본 법칙 중에서 '지층겹쌓임의 법칙(보통 '누중의 법칙'이라고 함)'으로 쉽게 설명할 수 있기 때문이다. 지층겹쌓임의 법칙이란 층을 이루고 있는 경우, 아래 놓인 지층이 먼저 쌓였고 위에 놓인 지층은 나중에 쌓였다는 것이다. 이렇게 간단한 내용을 군이 법칙(law)이라고 해야 할까 하는 생각과 이를 처음 알아낸 사람은 정말 대단하다는 생각이 마음속에 공존한다.

지질학의 기본 법칙은 지층겹쌓임의 법칙 외에도 몇 가지가 더 있다. 예를 들면, 암석은 만들어질 때 지표면에 수평으로 쌓인다는 '지층수평성의 법칙'이 있고, 또 지층은 쌓일 때 옆으로 계속 이어진다는 '지층연속성의 법칙'도 있다. 지질학의 법칙 중에서 가장 중요한 법칙은 '동일과정의 법칙'이다. 이 법칙은 현재 지구상에 일어나고 있는 자연현상이 과거에도 똑같이 일어났다는 생각인데, '현재를 알면 과거를 알 수 있다.'는 말로 요약할 수 있다. 이밖에도 동물군 천이의 법칙, 부정합의 법칙, 관입의 법칙 등이 있다.

100년을 앞서 산 과학자

위에 소개한 지질학의 법칙 중 세 가지(지층겹쌓임의 법칙, 지층수평성의 법칙, 지층연속성의 법칙)를 알아낸 사람은 17세기 중엽 주로 이탈리아에서 활동했던 덴마크 출신의 과학자 니콜라우스 스테노(Nicolaus Steno, 1638~1686)였다. 그는 네덜란드에서 의학을 공부했으며, 특히 해부학에 탁월한 재능이 있었던 사람으로 알려져 있다. 해부학자였던 스테노가 지구와 암석에 관심을 가지게 된 계기는 지중해에서 잡힌 백상아리를 해부하는 과정에서 찾아볼 수 있다. 1669년 발표했던 〈백상아리의 두개골〉이라는 논문(Steno, 1669)에서 그는 백상아리의 이빨이 당시 이탈리아 사람들이 가지고 싶어 했던 '혓바닥 돌(tongue stone)'이라고 부르는 기묘한 물건과 같다는 사실에 주목하였다.

혓바닥 돌은 이름처럼 혀 모양의 돌인데, 지중해 남쪽에 있는 몰타(Malta)섬에서 많이 발견되었다. 당시 사람들은 혓바닥 돌이 땅속에서 자라났으며 그 모습이 혀나 이빨을 닮은 것은 우연이라고 생각했다. 사람들은 생물처럼 생긴 돌덩어리(화석)를 신기하게 여겼고, 화석은 암석 속에서 자라난다고 생각하였다. 화석(fossil)의 어원인 *fossilis*는 '땅속에서 파낸 물건'이란 뜻을 담고 있다.

그림 1-2. 혓바닥 돌. 옛 사람들이 혓바닥 돌이라고 생각했던 이것은 상어 이빨의 화석이다.

스테노는 혓바닥 돌이 백상아리의 이빨과 같다는 사실을 알아내 이 돌이 땅에서 자란 것이 아니라 백상아리의 이빨이라는 점을 강조하는 데 논문의 초점을 맞추었다. 문제는 바다에 사는 백상아리의 이빨이 어떻게 단단한 암석 속에 들어갔는지를 설명하는 일이었다. 논문은 혓바닥 돌이 암석 속에서 자라나는 것이 불가능하다는 점을 지적하는 것으로 시작되었다. 만약 혓바닥 돌이 암석 속에서 자랐다면 이들이 커짐에 따라 주변을 밀어낸 모습을 보여 주어야 하는데 그런 예가 없었다. 또 식물의 뿌리처럼 생물이 암석을 뚫고 들어갔다면 틈을 따라 휘거나 눌린 모습이어야 했지만, 혓바닥 돌의 경우 암석이 단단하거나 무름에 상관없이 항상 모양이 똑같았다.

한걸음 더 나아가 그는 화석이 들어 있는 암석은 그 지역이 홍수로 잠겼을 때 쌓인 퇴적물이라고 주장하였다. 성경에는 지구가 물에 잠긴 적이 두 번 있다고 쓰여 있는데, 한 번은 천지가 창조될 때였고 다른 한 번은 노아의 홍수 때였다. 홍수 때 퇴적물이 쌓이는 것은 문제없어 보인다. 그렇다면 백상아리의 이빨은 어떻게 그 속에 들어가게 되었을까? 스테노는 홍수가 일어나면 죽은 생물의 유해나 바다에 살던 생물들이 퇴적물 속에 그대로 파묻힐 거라는 생각을 바탕으로 논문의 결론을 다음과 같이 내렸다.

예전에 몰타 섬은 바다 아래 있었고, 그곳에는 백상아리들이 살았다. 백상아리의 이빨이 빠지면 이빨들은 바다 밑 진흙 속에 묻히게 된다. 그후 화산 폭발이 일어나면서 바다 밑이 수면 위로 솟아올랐고, 그래서 몰타 섬에서 백상아리 이빨(혓바닥 돌)이 발견된다는 요지였다. 그 논문에서 스테노는 암석의 생성 과정을 6단계로 구분하였다(그림 1-3).

스테노의 암석에 관한 이론의 핵심은 암석에도 생성 순서가 있다는 점이다. 암석은 한꺼번에 만들어진 것이 아니라 순서에 따라 차곡차곡 쌓였으며 이 암석을 만든 재료는 모두 물속에 들어 있었다는 것이다. 이처럼 암석이 차곡차곡 쌓였다는 생각을 우리는 지금 지층겹쌓임의 법칙이라고 부른다. 아래 놓인 지층이 위에 놓인 지층보다 먼저 쌓였다는 말로 표현되는 이 법칙은 무척 당연하게 들린다. 하지만 사람들이 이 법칙을 제대로 이해하여 자연을 연구하기 시작한 때는 스테노가 논문을 발표한 지 100년이 지난 18세기 중엽이었다. 스테노는 100년을 앞서 산 과학자였다.

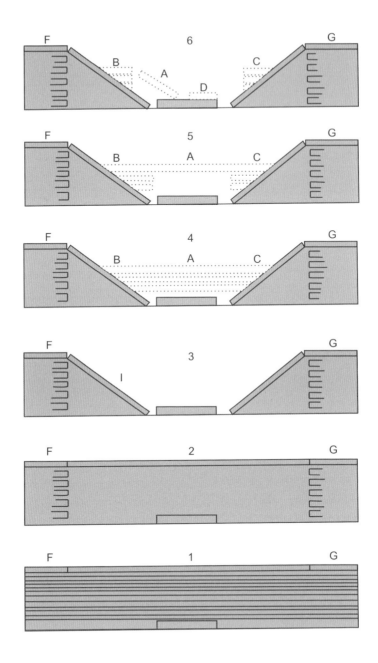

지층겹쌓임의 법칙은 지금 눈앞에 있는 그랜드 캐니언의 지층들이 어떻게 쌓였는지 설명할 수 있는 매우 간단한 이론이다. 그랜드 캐니언의 바닥을 이루고 있는 암석은 약 18억 년 전에서 7억 년 전 사이에 생성된 변성암이다. 이 변성암 바로 위에 절벽을 이루고 있는 지층들이 시루떡처럼 차곡차곡 쌓여 있다. 이 지층 중에서 가장 밑에 있는 사암층의 지질시대는 캄브리아기로 약 5억 2500만 년 전이다. 그 위에 데본기, 석탄기, 페름기 지층들이 쌓였고, 지금 그랜드 캐니언의 가장 높은 곳에 있는 암석은 약 2억 7000만 년 전에 쌓인 석회암이다.

암석들이 만들어진 후 약 2억 년이 지난 7500만 년 전부터 이 부근의 땅덩어리가 솟아오르기 시작하였다. 이러한 움직임으로 미국 중서부의 땅덩어리는 3킬로미터 이상 솟아올라 콜로라도 고원이 만들어졌다. 지금으로부터 600만 년 전 북아메리카 대륙의 서쪽 가장자리에 캘리포니아 만이 탄생하면서 콜로라도 고원에는 남쪽으로 흐르는 큰 강이 태어났

그림 1-3. 스테노가 생각했던 암석의 생성 과정.
1) 천지가 창조되었을 때, 지구를 모두 덮는 바다가 있었다. 그 바다에서 염전에서 소금이 만들어지는 것처럼 화학적 침전이 일어나 바다 밑에 암석을 쌓았다. 화학적 침전에 의하여 암석이 차곡차곡 쌓였으므로 암석의 구성 성분은 모두 같다. 당시에는 육지도 없었고 동물이나 식물이 없었으며, 따라서 이 단계의 암석에서는 화석이 발견되지 않는다.
2) 이때 쌓인 암석이 지구 최초의 대륙을 이루어 그곳에 생물이 살기 시작했다. 그 후 지하에 있는 암석들이 지하수에 녹아 동굴이 만들어졌다.
3) 동굴이 점점 넓어져 동굴의 지붕이 무너져 내렸고, 이때 생겨난 골짜기를 따라 바닷물이 들어와 홍수가 일어났다.
4) 이 바다에 새로운 암석이 쌓였고, 이 암석에 당시 살았던 동·식물의 유해들이 함께 쌓여 화석으로 남겨졌다.
5) 그 후 새롭게 만들어진 암석은 뭍으로 드러났으며, 지하에는 다시 동굴이 만들어졌다.
6) 이 동굴의 지붕이 무너지면서 생긴 골짜기를 따라 바닷물이 들어와 두 번째 홍수가 일어났다. 이 바닷물이 물러간 후, 현재와 같은 지구가 만들어졌다.

다. 이 콜로라도 강의 침식 작용에 의하여 콜로라도 고원은 깊게 패이기 시작하였다. 약 300만 년 전, 플라이스토세의 빙하시대가 시작될 무렵, 북쪽의 고산지대를 덮고 있던 빙하의 녹은 물이 남쪽으로 쏟아져 내리면서 콜로라도 강의 침식 작용이 강해졌다. 그 결과, 콜로라도 고원에 깊은 골짜기가 패여 오늘날 웅장한 모습의 그랜드 캐니언이 만들어졌다.

그랜드 캐니언 바닥의 7억 년 전 지층 바로 위에 5억 년 전 지층이 놓여 있다는 사실은 두 지층 사이에 2억 년이라는 시간 간격이 있음을 의미한다. 두 지층의 경계는 절벽 단면에서 보면 하나의 선으로 표시되지만, 그 선은 2억 년이란 시간이 사라졌음을 알려 주는 선이다. 지질학에서는 이처럼 사라진 시간을 알려 주는 선(또는 면)을 부정합(unconformity)이라고 부른다. 이 부정합은 과연 어떻게 만들어진 걸까? 이 부정합의 과학적 의미를 처음 알아낸 사람은 영국의 자연과학자 제임스 허턴이다.

현재는 과거의 열쇠

18세기 후반, 유럽 과학계를 지배하고 있던 지구 이론은 수성론(neptunism)이었다. 수성론은 스테노의 이론을 그대로 이어받은 독일의 아브라함 베르너(Abraham Werner, 1749~1817)가 정리한 암석 형성 과정에 관한 이론으로, 지구의 암석은 모두 물의 활동에 의하여 만들어졌다고 설명한다. 이 무렵 영국의 스코틀랜드에서는 수성론과 전혀 다른 새로운 이론이 싹

트고 있었는데, 그 이론의 씨앗을 뿌린 사람이 제임스 허턴(James Hutton, 1726~1797)이다.

허턴은 대학에서 의학을 전공하였지만, 의사로 활동한 적이 없다. 당시 영국에서 의사로 생계를 유지하기란 무척 어려웠기 때문이었다. 다행히 아버지로부터 물려받은 넓은 토지가 있었기 때문에 그는 농사를 지으면서 사는 것도 괜찮겠다는 판단 아래 스코틀랜드 남부 던스(Duns)에 정착하게 되었다. 농사를 지으면서 자연스럽게 토양의 형성 과정을 관찰하게 되었는데, 이 과학적 탐구심은 암석에 관한 새로운 이론의 탄생으로 이어졌다.

허턴은 하천의 침식 작용에 의하여 일어나는 결과를 정확히 가늠하지는 못했지만, 하천의 침식 작용이 오랫동안 지속되면 대륙도 깎여 없어질 수 있다는 점을 이해하고 있었다. 그가 암석에 관한 생각을 발표한 첫 논문은 1788년 《에든버러 왕립협회회보》에 실렸는데, 제목은 〈지구론〉이었다(Hutton, 1788). 그 후, 자신의 이론을 더욱 보강한 논문 〈지구론의 증명과 예시〉를 1795년 발표했다(Hutton, 1795). 허턴 이론의 핵심은 그의 논문에 등장한 다음과 같은 두 문장으로 요약할 수 있다.

첫 번째 문장은 "현재는 과거의 열쇠다(The present is the key to the past)."이다. 간단한 문장이지만 그 뜻을 알고 나면 이처럼 허턴의 이론을 함축적으로 표현할 수 있는 문장도 없다. 현재 지구상에서 일어나고 있는 자연현상은 과거에도 똑같이 일어났고, 따라서 현재 지구에서 일어나고 있는 현상을 이해하면 과거 지구에서 일어났던 일들을 알 수 있다는 뜻을 담고 있다.

두 번째 문장은 "시작도 끝도 알 수 없다(No vestige of a beginning-no prospect of an end)." 마치 선문답의 화두 같다. 이 문장은 지구의 역사는 언제 시작했는지 알 수 없고 또 언제 끝날지도 예측할 수 없다는 의미를 담고 있다. 현재 지구 표면에서 일어나고 있는 지질현상(풍화-침식-운반-퇴적-암석화-융기-풍화)은 매우 느리게 일어날 뿐 아니라 끊임없이 반복된다는 관찰에 바탕을 둔 이야기다. 똑같은 과정이 계속 반복된다는 사실을 받아들여 우리는 허턴의 이론을 '동일과정의 법칙'이라고 부른다.

허턴의 연구에서 무엇보다도 중요한 것은 지표면에서 일어나는 지질현상의 한 과정과 그 다음 과정을 구분해 주는 증거, 즉 부정합면(땅덩어리가 융기한 후, 풍화와 침식의 과정이 기록된 면. 따라서 사라진 시간을 알려 주는 면)을 실제로 야외에서 찾아냈다는 점이다. 그곳은 스코틀랜드의 동쪽 해변에 있는 시카포인트(Siccar Point)라는 절벽이다. 해변을 따라 드러난 멋진 바위에서 아래쪽의 거의 수직으로 배열된 지층 위에 경사가 완만한 지층이 놓여 있는 모습을 볼 수 있는데, 두 지층 사이가 부정합면이다.

허턴은 아래쪽의 거의 수직으로 배열된 지층이 풍화-침식-운반-퇴적 작용에 의하여 쌓인 다음 암석화 과정을 거쳐 융기하였고, 이 지층이 다시 풍화-침식 작용을 거친 다음 그 위에 새로운 지층이 쌓였으므로 두 지층 사이에 엄청난 시간 차이가 있다는 사실을 알아냈다. 여기에서 우리는 허턴의 놀라운 관찰력과 추리력을 엿볼 수 있다. 허턴의 이론이 매우 논리적이었음에도 불구하고 당시 사람들은 허턴의 이론을 이해하

그림 1-4. 시카포인트. 수직으로 배열된 지층 위에 경사가 완만한 지층이 쌓여 있다. 이곳은 허턴이 야외에서 부정합의 존재를 확인한 곳이다.

지 못했다. 그 이유는 지구를 대부분 수성론의 관점에서 연구했기 때문이기도 했지만, 허턴의 연구 방법이 당시 과학자들에게는 매우 생소했기 때문이었을 것이다.

그가 죽은 후, 허턴의 절친한 친구였던 존 플레이페어(John Playfair, 1748~1819)가 허턴의 이론을 쉽게 풀어 쓴 해설서를 발간하면서 사람들은 동일과정의 법칙을 조금씩 이해하기 시작했다. 하지만 동일과정의 법칙이 학계의 주목을 받기 시작한 것은 찰스 라이엘(Charles Lyell, 1797~1875)의 저서 《지질학원리(*Principles of Geology*)》가 발간된 1830년대 이후이다. 그 결과 19세기 중엽 동일과정설은 수성론을 제치고 유럽의 과학계로 퍼져나갔고, 지질학은 자연과학의 한 분야로 자리매김하게 되었다.

'지질학(geology)'이라는 단어가 처음 등장한 것은 17세기 중엽이었지만, 이 단어가 대중화된 것은 1807년 런던 지질학회가 창설된 이후였다. 런던 지질학회는 과학을 좋아하는 몇몇 사람들이 런던의 한 식당에서 저녁식사를 하는 과정에서 탄생하였다고 전해진다. 식사를 하면서 지구에 관한 새로운 발견을 이야기하는 모임이었다. 회원들은 정기적으로 야외조사 모임을 가졌고, 암석을 관찰하는 일을 진지하게 생각하여 야외조사를 할 때도 정장차림을 했다고 한다.

초창기 회원들은 암석이나 광물을 이용하여 부를 쌓거나 학자가 되려는 사람들이 아니었고, 취미로 야외조사를 할 수 있을 정도의 여유가 있었던 상류계층 사람들이었다. 당시 런던 지질학회에 가입하고 싶어 하는 사람들이 무척 많았다고 하는데, 지질학이라는 생소한 학문이 당시 영국 사회에서 인기를 누리게 된 배경에는 지질학이 책상 위에서 담론하는 학문이 아니고 야외에서 직접 암석을 관찰하면서 새로운 과학적 사실을 알아낸다는 신선함에 있었던 듯하다. 지질학이 암석의 형성 과정과 그들의 나이를 알아내어 지구에 관한 비밀을 푼다는 점은 고급스러움을 추구하는 영국 상류사회의 구성원들에게 매력적으로 보였음에 틀림없다. 그래서 런던 지질학회는 창립한 지 10년이 지나지 않아 회원수가 400명을 넘었고, 1830년에는 745명으로 늘어났다. 19세기 초엽은 지질학이 영국 역사상 최고의 인기를 누렸던 시절이었다.

지질학이 당시 영국 상류사회의 전유물이기는 했지만, 암석의 상대적 생성 순서를 알아내는 데 중요한 역할을 한 사람은 상류사회와는 거리가 멀었던 영국의 측량기사 윌리엄 스미스였다.

최초의 지질도

윌리엄 스미스(William Smith, 1769~1839)는 일곱 살 때 아버지를 여의고, 농부였던 삼촌 집에 살면서 어렵게 자랐다. 스미스는 어렸을 때 그림 그리기와 기하학을 좋아했는데, 그래서 측량기사가 되었는지도 모르겠다. 18세기 후반은 영국에서 산업혁명이 빠르게 진행되고 있었기 때문에 측량기사가 많이 필요했던 것도 원인이었을 것이다. 스미스는 열여덟 살이 되었을 때 고향의 한 측량사무소에 견습사원으로 들어갔다. 영특했던 그는 그곳에서 측량기사와 토목기사로서의 일을 완벽하게 배웠다.

스물두 살이 되던 1791년, 스미스는 서머싯 탄광지역에 자신의 회사를 만들었다. 처음에 했던 일은 탄광을 조사하여 석탄 매장량을 계산하는 것이었는데, 석탄층의 분포를 정확히 알아내어 야외조사 실력을 인정받게 된다. 영국의 석탄 사업이 번창하자 광산 소유주들은 운하를 파서 석탄을 영국의 다른 지역으로 보내는 사업계획을 세웠고, 그래서 도로와 운하 건설이 활발해졌다. 스미스는 산을 깎아 도로와 운하를 건설하는 일을 하면서 암석의 분포를 조사하였고, 암석 속에 들어 있는 화석을 채집하는 데에도 관심을 기울였다. 채집한 암석과 화석을 종류별로 정리하는 과정에서 지층에 따라 나오는 화석의 종류가 다르다는 사실을 자연스럽게 터득할 수 있었다.

1796년 스미스는 배스(Bath) 지방 농업학회의 회원이 되었고, 그곳에서 광물과 화석에 관심이 많은 두 목사와 친분을 맺게 된다. 그들은 개인적으로 광물과 화석 표품을 많이 소장하고 있었는데, 자신들의 집을 방문한 스미스가 화석 표본만 보고도 그 화석이 어떤 지역에서 나왔을 것이라고 말했을 때 그 정확함에 놀랐다고 전해진다. 누구의 제안으로 이루어졌는지는 모르지만, 세 사람은 지층과 각 지층에서 나오는 화석을 정리하여 한눈에 알아볼 수 있는 표로 만들었다. 그들은 영국의 지층을 23개로 나누고, 각 지층에서 발견된 대표적 화석을 표시했다. 지금 우리는 당시 스미스가 알아낸 사실―지층에 따라 산출되는 화석이 다르다.―을 '동물군 천이의 법칙'이라고 부른다.

1799년 석탄운하회사 경영진들과의 불화 때문에 운하건설에서 손을 뗀 스미스는 오랜만에 여유가 생기자 배스 일대의 지층 분포를 조사하여 지도에 그리는 일을 시작했다. 이렇게 해서 1801년에 발간된 지도가 세계 최초의 지질도다. 회사를 그만두었지만, 운하건설에서 보여 주었던 토목기사로서의 능력은 좋은 평판을 얻었다. 그에게 공사를 부탁하는 사람들이 점점 많아졌고, 그 결과 많은 돈을 벌게 된 스미스는 1804년 4층짜리 저택을 구입해 런던에 정착할 수 있었다. 그는 런던에 사업본부를 두고 잉글랜드와 웨일스 지방으로 출장을 갈 때마다 지질조사를 병행했다. 특히 야외조사에 많은 시간을 보냈는데, 아마도 그 무렵 영국의 지질

그림 1-5. 1815년 스미스가 작성한 영국 최초의 지질도.

도를 만들겠다는 야심 찬 계획을 세웠던 것 같다.

스미스는 오랜 야외조사 끝에 1815년《잉글랜드, 웨일스 그리고 스코틀랜드 일부 지역의 지층 묘사》라는 지질도를 출간했는데(Smith, 1815), 이 지질도는 지질학의 역사에 큰 획을 그었다. 총 15장으로 이루어진 이 지질도는 축척 1:300,000, 길이 2.5미터, 폭 1.8미터에 이르는 거대한 작품이었다. 그는 지층에서 나오는 화석을 7권의 도감으로 출판하려는 계획을 세웠고, 1816년 첫 책을 발간하였다. 하지만 이 책을 인쇄해 주려는 회사가 없었기 때문에 직접 인쇄소를 차려 지질도와 화석도감을 발간하기 시작하였다. 그는 지도와 화석도감 발간에 모든 재산을 쏟아 부었고, 출판 비용이 부족하자 1815년에는 소장하고 있던 화석 표본마저 모두 영국박물관에 팔았다. 그러한 노력에도 불구하고 스미스는 1819년 파산하였고, 10주 동안 감옥살이까지 하게 되었다. 결국 화석도감 발간은 1819년 제4권을 끝으로 중단되었다. 그는 출감 후에 모든 활동을 접고 요크셔 지방에 물러나 살면서 강연도 하고 논문을 쓰기도 했지만, 전반적으로 실의에 찬 나날을 보냈다.

스미스가 한창 지질도 작성에 몰두하고 있을 무렵, 영국에서는 지질학이 새로운 자연과학의 한 분야로 큰 인기를 누리고 있었다. 당시 런던 지질학회 회원들은 모두 상류 계층으로 교육 수준이 높았고, 경제적으로도 여유가 있었으며 무엇보다도 지구의 역사에 대한 관심이 많았다. 물론 사회적 수준이 낮고 교육도 제대로 받지 못했던 스미스는 런던 지질학회 회원이 될 수 없었다. 하지만 시간이 흐르면서 사람들은 스미스가 만든 지질도의 중요성을 깨닫기 시작했다. 마침내 그의 학문적 업적을 인정한 런던 지질학회는 1831년 학회 최고 영예를 상징하는 상으로 울러스턴 메달(Wollaston Medal)을 제정하고, 첫 수상자로 스미스를 선정하였다. 당시 런던 지질학회 회장이었던 케임브리지대학교(University of Cambridge) 아담 세지윅(Adam Sedgwick, 1785~1873) 교수의 축사에서 스미스의 위상을 엿볼 수 있다.

"나는 오늘 스미스 선생의 가르침에 깊은 감사의 뜻을 전하고 싶습니다. 내가 처음 야외조사를 시작했을 때, 나는 그가 만든 지질도를 들고, 그가 지난 30여 년 동안 섭렵했던 그 발자취를 따라가며 지층을 나누는 방법을 배웠고, 그 속에 담겨진 놀라운 과학적 개념을 이해할 수 있었습니다. 그 개념은 우리의 스승인 스미스 선생에 의하여 처음으로 밝혀졌으며, 지금은 영국 지질학자들의 공통 언어가 되었습니다. 나는 스미스 선생을 영국 지질학의 아버지라고 부를 것을 제안합니다. 우리가 힘을 모아 자연이라는 탑을 쌓고, 그 탑을 멋지게 장식을 하려한다고 가정해 봅시다. 그 탑의 설계도를 만들고 기초를 닦고 주춧돌을 놓은 사람은 다른 사람 아닌 바로 스미스 선생입니다."

이 얼마나 대단한 칭송인가! 이후 스미스의 위상이 크게 달라져 사람들은 스미스를 '층서학의 아버지' 또는 '지사학의 아버지'라고 치켜세웠다. 스미스는 그 공적을 인정받아 1835년에는 더블린의 트리니티 컬리지(Trinity College)에서 박사학위를 받았다. 말년을 스카보로에 있는 한 오두막에서 국왕이 주는 연금으로 보내던 그는 1839년 버밍엄에서 열리는 영국 고등과학협회 회의에 가던 도중 일흔 살의 나이에 사망하였다.

스미스의 연구는 경험적이며 실용적이다. 그는 지질도의 중요성을 깨우친 최초의 사람으로 지질조사가 광산개발이나 농업증진, 그리고 각종 건설사업에 필요하다는 사실을 주장하였다. 또한 실용적인 목적 외에도 야외조사 자체만으로도 즐겁고 행복하다는 의견을 피력하곤 하였다. 그가 한창 활동했던 19세기 초에서 200년이 흐른 지금, 우리도 스미스가 느꼈던 것과 똑같은 행복감으로 암석을 관찰하면서 산과 들을 헤매고 있다고 말한다면 지나친 자만심일까?

동일과정설의 전도사

19세기에 들어서면서 지질학은 자연과학의 한 분야로 확고한 자리매김을 하였다. 지질학이 대학의 정규과목으로 채택되었고, 지질학 논문들이 늘어나면서 관련 학회도 생겨났다. 1807년에 런던 지질학회가 그리고 1808년에는 에든버러 왕립협회의 산하기관으로 베르너 자연사학회가 설립되었다. 하지만, 두 학회의 성격이나 지향하는 목표는 크게 달랐다. 베르너 자연사학회는 그 이름처럼 주로 베르너의 수성론에 매달렸던 반면, 런던 지질학회는 '명백히 증명할 수 있는 과학적 사실'을 소개하는 데 목표를 두어 학문적 자세에서 올바른 길을 택했다.

학회 회원이 증가함에 따라 연구 내용도 다양해졌고, 그 자료를 해석하는 과정에서 당시 학계를 대표하는 두 이론 사이의 충돌을 피할 수 없게 되었다. 하나는 천변지이설이었고, 다른 하나는 동일과정설이었다. 두 이론 모두 시간이 흐름에 따라 지구의 겉모습이 변해간다는 사실을 인정했다. 그러나 천변지이설에서는 이따금 발생하는 천재지변에 의하여 지구의 지형이나 생물계의 내용이 완전히 바뀌었다고 주장한 반면,

동일과정설에서는 지구상에서 일어나는 변화가 과거나 현재나 항상 똑같았다는 논리를 전개하였다. 17세기 중엽 이후 100년이 넘도록 이어져 온 천변지이설은 19세기에 들어서면서 더욱 위력을 발휘하였는데, 그 배경에는 당시 유럽 과학계에 강력한 영향력을 미쳤던 프랑스의 조르주 퀴비에(George Cuvier, 1769~1832) 덕분이었다.

퀴비에는 지구의 겉모습이 끊임없이 변해간다는 사실을 잘 알고 있었다. 그는 변화를 일으키는 요인으로 산사태나 바람 또는 파도의 작용을 생각했고, 화산폭발도 중요하게 다뤘다. 하지만 그 정도의 힘으로는 산맥이 솟아오를 수 없다고 생각해 천변지이설을 지지하였다. 그가 천변지이설의 증거로 제시한 세 가지는 정말 그럴 듯해 보인다.

첫 번째 증거는 화석이었다. 파리 주변을 조사했던 퀴비에는 지층에 따라 발견되는 화석 내용이 완전히 다르다는 사실을 알았다. 젊은 지층에서는 요즘에 살고 있는 동물 뼈가 많았지만, 하부로 내려가면 멸종한 코끼리나 마스토돈이 나왔고, 하부로 더 내려가면 포유류 화석 자체가 드물었다. 파리 부근의 지층은 대부분 수평으로 놓여 있어 지각변동을 생각하기는 어려웠고, 그래서 홍수 때문에 생물이 멸종했다고 생각했다. 두 번째 증거는 지질구조 측면에서 접근하였다. 수평으로 놓인 지층 바로 아래에 있는 지층이 기울거나 휜 이유는 홍수가 일어나기 직전 지구의 겉껍질이 무너져 내렸기 때문이라고 설명했다. 세 번째 증거로 채택한 것은 유럽 곳곳에서 발견되는 큰 암석덩어리였다. 이 암석덩어리들은 산중턱이나 골짜기에서 발견되었는데, 주변에 있는 암석과 전혀 달랐기

그림 1-6. 미아석. 위에 놓인 동그란 모양의 암석은 빙하가 실어온 것으로 아래 암석과 종류가 다르다.

때문에 이를 미아석(迷兒石)이라고 불렀다. 퀴비에는 이 미아석이 큰 폭발이 일어날 때 멀리서 날려 왔거나 또는 홍수 때 떠밀려 왔다고 생각하였다.

퀴비에의 생각은 옳지 않았지만, 그의 연구가 전혀 헛된 것은 아니었다. 사람들이 생물의 멸종을 인정하기 시작하였고, 지층에 따라 발견되는 화석 종류가 다르다는 원리도 이해했기 때문이다. 하지만 영국에서 동일과정설과 천변지이설 사이의 본격적인 논쟁은 1830년 찰스 라이엘의 《지질학원리》가 출간되면서 시작되었다.

　1797년 허튼이 사망하던 해에 스코틀랜드에서 태어난 라이엘은 1799년에 영국 남부 사우샘프턴으로 이주하여 그곳에서 자랐다. 경제적으로 부유했던 라이엘의 아버지는 동식물과 문학을 좋아했고, 그 영향은 아들에게도 미쳤다. 자연스럽게 라이엘은 어렸을 적부터 곤충에 관심을 가졌고, 실제로 곤충에 관한 지식도 많았다.

　라이엘은 변호사가 되기를 원하는 아버지의 뜻에 따라 1816년 옥스퍼드대학교(Oxford University) 법학부에 입학했다. 하지만 그는 고전, 수학, 지질학 등에 더 관심이 많았다. 그중에서도 특히 지질학을 좋아했던 것은 윌리엄 버클랜드(William Buckland, 1784~1856) 교수의 열정적인 강의 때문이었다. 1818년 여름, 라이엘은 가족과 함께 프랑스, 스위스, 알프스를 거쳐 이탈리아 지방을 여행하면서 지질학에 더 다가가게 되었다. 1819년 대학 졸업 후에 책을 너무 오래 읽어 눈병을 앓기도 했지만, 그래도 열심히 공부하여 1822년에 변호사 자격을 획득하였다.

　지질학에 대한 공부도 게을리 하지 않았던 라이엘은 1819년 런던 지질학회 회원으로 가입하였고, 야외답사 모임에도 빠지지 않고 참가하였다. 1823년에는 학회의 편집간사로 임명되어 학술지에 투고된 논문을 편집하고 교정하는 일을 맡았다. 또 파리에서 퀴비에와 알렉산더 훔볼트 등 당시 유명한 과학자들을 만나 지질학에 대한 지식을 넓혀 나갔다.

　그의 아버지는 아들이 변호사로 성공하길 바랐지만, 라이엘 자신은 지질학에 대한 미련을 버리지 못했다. 단지 지질학으로 밥벌이를 할 수 있을지 불확실했기 때문에 주저했을 뿐이었다. 그런데 몇 편의 지질학 논문을 준비하는 과정에서 라이엘은 책을 쓴다면 생활비를 벌 수도 있겠다는 생각을 하게 되었다.

라이엘이 《지질학원리》를 쓰기 시작한 것은 1827년 말이었다. 그 후 2년 동안 라이엘은 프랑스와 이탈리아를 답사하여 지질학에 관한 경험을 넓혔고, 그 경험을 이 책에 담았다.《지질학원리》는 1830년에 제1권 그리고 1831년과 1833년에는 제2권과 제3권이 각각 발간되었다(Lyell, 1830~1833). 책이 세상에 나오자 반응은 무척 좋았다. 당시 알려졌던 지질학 지식을 잘 정리하였을 뿐만 아니라 라이엘이 여행을 통하여 얻은 경험을 그 지식과 잘 연결시켰기 때문이었다. 게다가 그는 글을 논리적으로 잘 썼기 때문에 지식이 부족한 일반 사람들이 쉽게 이해할 수 있었던 점도 도움이 되었다. 새로운 사실이 알려질 때마다 그 내용을 담은 개정판도 계속 발간되어 1875년 라이엘이 사망할 무렵에는 12번째 개정판을 준비하고 있었다.

《지질학원리》는 허턴의 동일과정설에 바탕을 두고 썼다. 마치 허턴이 환생한 것처럼 라이엘은 제1권과 제2권에서 현재 작용하고 있는 지질현상을 소개하는데 많은 지면을 할애하였다. 그는 자연현상이 느린 속도로 일어난다고 해도 그것이 쌓이고 쌓이면 결국 현재 암석에 남아 있는 기록을 만들 수 있다는 점을 강조하였다. 예를 들면, 시칠리아(Sicily)의 에트나 화산(높이 3,323미터)은 현재 많은 양의 용암을 품어내고 있지만, 지난 수천 년 동안 분출한 용암의 양으로는 그처럼 높은 화산을 만들 수 없다는 것을 강조하였다. 에트나 화산처럼 높은 산이 만들어지기 위해서는 상상할 수 없을 정도로 긴 시간이 걸려야 한다고 결론지었다.

한편, 라이엘은 천변지이론자들이 천재지변의 증거로 제시했던 현상을 동일과정의 이론으로 설명하는데도 힘을 쏟았다. 유럽 곳곳에서 발견되는 미아석은 퀴비에의 설명처럼 큰 폭발에 의해 날려 오거나 홍수 때 떠내려 온 것이 아니라, 바다가 대륙을 덮었을 때 떠돌던 빙산에 박혀 있던 돌이 떨어진 것이라고 주장했다. 또 천변지이론자들은 노아 홍수의 중요한 증거로 암석에 해양생물과 육상생물 화석이 함께 들어 있는 점을 들었는데, 라이엘은 그와 같은 현상이 현재 미시시피 강 어귀에 있는 삼각주 앞바다에서 상류로부터 휩쓸려 온 나무줄기나 민물에 살았던 생물의 유해가 해양생물의 유해와 함께 쌓이고 있다는 사실을 제시하였다.

라이엘이 전개한 동일과정 이론은 '무생물계나 생물계에서 일어나는 모든 변화는 과거나 현재나 항상 똑같았다.'는 말로 요약할 수 있다. 여기에서 라이엘이 특히 강조하려 했던 점은 두 가지이다. 하나는 자연현상에서 초자연적인 것은 없다는 점이고, 다른 하나는 천변지이론자들이 틀렸다는 점이다. 천변지이론에서는 지구가 처음에 매우 격렬한 상태에서 출발했으며, 그 이후 지구의 에너지는 계속 줄어든다고 생각했다. 따라서 지구에서 일어나는 자연현상은 과거에 훨씬 강했다고 주장했었다.

당시 케임브리지대학교의 세지윅 교수는 라이엘의《지질학원리》를 칭찬했지만, 천변지이론에 기울었던 세지윅은 라이엘의 생각에 모두 동조하지는 않았다. 특히 세지윅은 시대에 따라 발견되는 화석의 종류가 달라진다는 사실을 분명히 알고 있었기 때문에, 생물계가 항상 똑같았다는 동일과정설을 인정하지 않았다. 이에 덧붙여 지구는 둥글고, 오랜 암석이 대부분 결정질이라는 사실은 지구가 처음에는 녹아 있었다는 점을 암시하므로 지구는 시간이 흐르면서 식었다고 주장하였다.

《지질학원리》에 대한 세지윅의 평가에서 알 수 있듯이 동일과정 이론에 대한 반응은 상반되었다. 라이엘의 논리적 전개와 뚜렷한 증거에 찬사를 보내는 한편, 동일과정설의 기본 개념인 항상성(恒常性)에는 의문을 제기하였다. 만일 지구가 허턴이나 라이엘이 생각한 것처럼 엄청나게 오래되었다면, 그처럼 오랫동안 지구를 항상 똑같은 상태로 움직이게 하는 힘은 어디에서 나오느냐는 것이 반론의 요지였다.

동일과정설이 영국 과학계에서 지구에 관한 새로운 이론으로 자리 잡았던 19세기 후반, 이 이론에 강력한 의문을 제기한 학자가 나타났다. 그 사람은 글래스고대학교(University of Glasgow)의 물리학자 윌리엄 톰슨(William Thomson, 1824~1907; 켈빈 경으로 더 알려짐) 교수였다. 열역학 제2법칙을 알아내어 당시 학계의 추앙을 받았던 켈빈에게 변하지 않는 지구라는 개념은 받아들이기 어려웠을 것이다. 그가 본 지구는 분명 식어가고 있었고, 결국 언젠가는 지구의 자전도 멈추게 될 것이 명백했기 때문이다. 열역학 지식을 바탕으로 지구의 나이를 직접 계산한 켈빈은 지구가 원래 녹은 상태에서 출발하여 현재에 이르렀다는 가정 아래 지구의 나이를 9800만 년이라고 발표하였다. 수학과 물리로 무장한 켈빈의 지구 나이는 19세기 후반 과학계에서 폭넓은 지지를 받았고, 지구에 관한 사람들의 생각에 큰 영향을 미쳤다.

19세기 후반의 과학계에서 지구 형성과 관련하여 지배적이었던 이론 중에 지구수축설이 있었다. 지구는 뜨겁게 녹아 있던 상태에서 출발하여 서서히 식어 수축하였으며, 지금도 냉각과 수축이 진행되고 있다는 이론이다. 지구가 수축하면 표면에 주름이 잡히고, 이때 높은 부분은 대륙과 산맥을 그리고 낮은 부분은 바다를 이루었다는 설명이다. 마치 사과가 마르면 겉 부분에 주름이 잡히는 것처럼……. 그러므로 대륙이 상하운동을 하는 것은 가능하지만, 옆으로는 이동할 수 없다고 주장하였다.

그러나 1896년 방사성원소가 발견된 후 방사성원소의 붕괴에 의하여 발생한 열이 지구 내부를 데운다는 사실이 알려지고, 또 상대적으로 가벼운 대륙지각이 가라앉을 수 없다는 지각평형설이 등장하면서 지구수축설은 사라지게 된다. 지구수축설이 사라진 후, 지구에 관한 새로운 이론이 등장하기까지 무려 60여 년이라는 긴 세월이 흐른다. 1970년에 등장한 이 새로운 이론을 지금 우리는 판구조론이라고 부른다. 현대 지질학의 핵심인 판구조론은 과연 어떻게 등장했을까?

2장

지구는 마른 사과

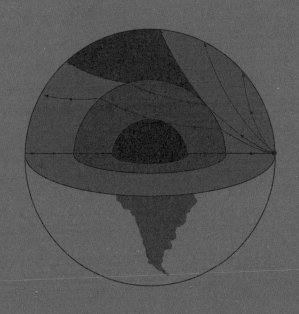

나는 땅덩어리를 연구하고 가르치기 때문에 출퇴근길에도 가능하면 우리 지구에 관한 생각을 하거나 관련된 책을 읽는다. 그런데 하루 종일 지구에 관한 생각을 한다고 해도 내가 하루에 만나는 지구는 반경 수 킬로미터 내외의 매우 좁은 범위에 불과하다. 휴일에 가까운 산을 오른다 해도 눈앞에 펼쳐진 세상은 기껏 수십 킬로미터를 넘지 못한다. 인간의 시야는 무척 좁다. 높은 산과 골짜기, 그리고 그 사이를 헤집고 흘러가는 강이나 파도에 시달리는 해변의 절벽과 모래사장에서 그 움직임의 아름다움은 볼 수 있지만, 그 움직임에 의하여 일어나는 자연현상의 진정한 의미를 알아보는 사람은 거의 없다. 더욱이 발아래 땅속 깊은 곳은 어떤 모습일지 그리고 그곳에서 어떤 일이 벌어지고 있는지는 상상조차 하기 어렵다.

지구의 중심을 들여다보다

19세기 초엽, 사람들이 지구를 과학적으로 보기 시작했을 때에도 가장 어려워 했던 문제 중 하나가 지구 속은 어떤 상태일까라는 질문이었다. 당시 사람들의 상상력을 단적으로 보여 주는 예를 19세기 중엽 프랑스 공상과학 소설가 쥘 베른(Jules Verne)이 쓴 《지구 중심으로의 여행(*A Journey to the Center of the Earth*)》에서 찾아볼 수 있다(Verne, 1864). 그는 지구를 480킬로미터 두께의 껍질에 감싸인 속이 텅 빈 물체로 생각하였고, 그 속에 또 다른 세계가 있는 것으로 그렸다. 극지방 어딘가에 있는 지하세계로 통하는 구멍을 따라 들어가면, 텅 빈 공간 한가운데 빛을 발하는 물체가 떠 있고, 그 물체는 지하세계를 밝고 따뜻하게 유지시켜 준다는 것이다.

지구 내부에 대한 사람들의 공상은 과학이 발달한 21세기까지도 이어지고 있다. 2003년 초 국내에 소개된 영화 〈코어(The Core)〉에서는 미국이 개발한 인공지진 때문에 지구 내핵의 회전이 멈춘다는 엉뚱한 설정에서 출발하여 멈춘 핵을 다시 회전시키기 위하여 특수대원을 지구의 핵 속으로 보낸다는 황당한 이야기를 담고 있다. 이러한 영화가 흥행할 수 있었던 배경에는 지구 내부에 관한 내용이 중·고등학교 교과서에 자세히 소개되고 있음에도 불구하고, 직접 들여다볼 수 없기 때문에 사물에 대한 인간의 상상력을 보여 주는 한 단면이라고 하겠다.

때맞춰 2003년 5월, 미국 캘리포니아공과대학의 데이비드 스티븐슨(David Stevenson) 교수는 녹인 철 덩어리(10^8~10^{10}킬로그램)에 사과 크기의 탐사기를 실어 지구 중심의 핵으로 보내면 일주일 후에 지구 중심에 도달한 탐사기가 전송해오는 자료를 읽을 수 있다는 가설을 《네이처(*Nature*)》에 발표하여(Stevenson, 2003) 세인들의 관심을 끌기도 하였다. 문제는 그처럼 엄청난 양의 쇳덩어리를 어떻게 한 곳에 모으고 녹이느냐는 것이겠지만…….

땅 밑의 비밀

사람들이 직접 지구 내부에 접근할 수 있는 유일한 방법은 동굴이나 광산의 갱도를 따라 지하로 내려가는 일이다. 강원도나 제주도에 있는 동굴을 따라 내려가다 보면, 불과 몇 백 미터밖에 들어가지 않았는데도 마치 끝없이 깊은 지하세계로 들어간 것 같은 착각에 빠져들기도 한다. 현재 사람이 지하로 내려갈 수 있는 가장 깊은 곳은 땅 아래 3.6킬로미터 깊이에 있는 남아프리카공화국 한 광산의 갱도이다. 그곳은 온도가 섭씨 55도까지 올라가며, 주변 압력이 세서 갱도의 벽이 이따금 무너져 내린다고 한다. 3~4킬로미터만 해도 깊기는 하지만, 반지름 6,380킬로미터인 우리 지구의 속은 깊다는 말로 표현할 수 없을 정도로 엄청나게 깊다. 지구 속은 어떤 모습일까? 그 속은 과연 무엇으로 채워져 있을까?

지하로 내려감에 따라 땅속의 온도는 높아진다. 그래서 19세기 사람들은 지하 80킬로미터 정도만 내려가면 그 속이 모두 녹아 있을 것으로 추정했다. 지구의 반지름이 약 6,380킬로미터이므로, 반지름 6,300킬로미터의 녹은 돌덩어리를 두께 80킬로미터의 암석 껍질이 감싸고 있는 모습이다. 과연 그러한 지구가 존재할까? 지구를 농구공(반지름 약 36센티

미터) 크기로 축소해 비교해 보자. 농구공 크기의 뜨거운 팥죽을 두께 0.5
센티미터의 얇은 껍질로 만들어진 그릇 속에 담았다고 상상해 보라. 껍
질이 무척 튼튼한 재질로 만들어졌다고 해도 곧바로 찢어져 내릴 것이
다. 당연이 지구 내부가 액체 상태라는 주장은 강력한 도전을 받았다. 만
일 지구 속이 녹은 돌로 채워져 있다면, 달과 태양에 의한 조석력 때문
에 지구의 겉껍질은 쉽게 찢어졌을 것이라는 반론이 나왔다. 찢어지지
않는다 해도 조석력 때문에 땅이 파도처럼 흔들릴 것이라는 주장도 등
장하였다.

케임브리지대학교의 수학 강사였던 윌리엄 홉킨스(William Hopkins,
1793~1866)는 지구 내부의 문제에 이론적으로 접근하였다. 1838년 홉킨
스는 지구 내부가 녹은 상태라면 열에 의한 대류가 있을 것이고, 압력이
증가하면 녹는점이 높아진다는 사실을 바탕으로 암석이 얼마나 깊은 곳
에서 녹을 수 있는지 계산했다. 그 결과 적어도 1,600킬로미터 깊이까지
는 고체여야 한다고 발표하였다. 당시 이 결론의 옳고 그름을 따지기는
어려웠겠지만, 19세기 영국 지질학을 대표하는 학자였던 라이엘이 그의
저서《지질학원리》에서 지구 내부는 녹아 있고, 그 뜨거운 열 때문에 산
이 솟아오른다고 기술함으로서 당시 학계에서는 '속이 녹아 있는 지구'
라는 개념이 자연스럽게 받아들여졌다.

허턴에서 출발한 동일과정 이론이 19세기 지질학자들에게 전파되면서
암석에 들어 있는 시간뿐만 아니라, 암석에서 사라진 시간을 사람들이
이해하기 시작했다. 나아가서 그들은 한 과정이 일어나는데 엄청난 시간

이 걸리며, 그러한 과정이 과거에 셀 수 없을 정도로 많이 일어났다는 것도 알아냈다.

동일과정설의 전도사이면서 철저한 신봉자였던 라이엘은 당시 막 알려지기 시작했던 빙하시대도 인정하지 않았고, 멸종이나 진화의 개념도 받아들이기를 거부했다. 빙하가 전 지구를 덮는다는 것은 불가능하며, 생물도 암석처럼 순환한다는 이유 때문이었다. 라이엘은 현재와 같은 지구 모습이 영원히 지속될 것이라고 주장하였고, 이러한 동일과정의 이론은 당시 유럽 과학계에서 정설로 받아들여졌다. 하지만 모든 이론이 그러하듯이 동일과정설도 시간이 흐르면서 신랄한 비판을 받게 된다. 그 비판의 선봉에는 19세기 영국 물리학계의 대부였던 켈빈 경이 있었다.

켈빈의 공격

켈빈 경(Baron Kelvin)의 본명은 윌리엄 톰슨이다. 켈빈은 약관 스물두 살의 나이에 글래스고대학교의 물리학 교수에 임용된 후, 50여 년 동안 600여 편의 논문을 발표하고 70개의 특허를 등록하는 놀라운 업적을 쌓았다. 연구도 전기, 자기, 열역학, 지구자기, 측지, 조석이론, 지구의 나이 등 다양한 분야에 걸쳤고, 특히 열에 관한 연구에 주력했던 켈빈은 절대온도(°K) 체계를 제안한 사람으로 유명하다(절대온도의 기호 K는 켈빈의 이름에서 따왔다.).

켈빈의 가장 위대한 과학적 업적은 1852년 발표한 열역학 제2법칙으로 '자연현상에서 엔트로피는 증가하는 방향으로 진행한다.'라는 말로 요약할 수 있다. 엔트로피(entropy)는 물질계의 열적 상태로부터 정해지는 양으로 자연계에서 엔트로피가 증가하는 것은 분자운동이 질서정연한 상태에서 무질서의 상태로 변해감을 의미한다.

켈빈은 열역학을 연구하던 과정에서 지구에도 관심을 가지게 되었던 듯하다. 열역학 법칙에 따르면, 우주의 에너지 총량은 정해져 있으며 에너지가 변하여 열 손실로 나타나기 때문에 움직이는 모든 물체는 언젠가 운동을 멈추어야 한다. 그런데 지질학자들은 지구에서 일어나는 자연현상이 과거나 현재나 항상 똑같았다고 주장하고 있다. 어떻게 그런 일이 가능할까? 켈빈은 그러한 지질학자들의 생각이 못마땅했다. 그럼에도 그가 공격 목표로 삼았던 사람은 지질학을 대표하는 라이엘이 아니라 1859년 《종의 기원(On the Origin of Species)》이라는 저서에서 진화론을 주장한 찰스 다윈(Charles Darwin, 1809~1882)이었다.

다윈의 진화론에 따르면, 간단한 원시생물에서 출발하여 현재처럼 복잡하고 다양한 생물계가 이루어졌다고 한다. 이 역시 엔트로피 관점에서 보면 불가능하다. 게다가 다윈은 그와 같은 진화과정이 이루어지기 위해서는 엄청나게 긴 시간이 필요하다고 주장하고 있다. 그는 영국 남부 윌드(Weald) 지방이 지금처럼 평탄해지기까지 약 3억 년이 걸렸다는 주장을 펼쳐 시간의 문제를 해결하려고 했다. 이러한 다윈의 진화론에 대하여 거부감을 가졌던 켈빈은 태양과 지구의 나이를 알아내어 진화론을 공격하려고 마음먹었다. 만약 태양이나 지구의 나이가 다윈이 생각한 것처럼 오래지 않다면, 햇빛에 의존해 살아야하는 생물들이 긴 시간동안 진화해 왔다는 다윈의 이론은 설 자리가 없어지기 때문이었다.

켈빈은 먼저 지구 내부가 녹아 있다고 하는 지질학자들의 주장이 옳지 않다고 생각했다. 마그마에서 광물이 만들어질 때, 고체인 광물은 액체인 마그마보다 무거우므로 생성된 광물은 가라앉는다. 그런데 현재 고체인 대륙이 가라앉지 않는 것을 보면 지구 내부는 모두 고체여야 한다는 논리였다. 이에 대하여 지질학자들은 얼음이 물에 뜨는 것처럼 고체라고 해서 모두 가라앉는 것은 아니라고 반박하였고, 또 실험을 통하여 어떤 철광물은 철을 녹인 용액에서 뜬다는 것을 보여 주기도 하였다.

1862년 켈빈은 태양에너지의 근원에 관한 문제를 연구하기 시작했다. 당시에는 태양에 대해서 알려진 내용이 거의 없었기 때문에 그가 고려할 수 있었던 태양에너지의 근원은 운석 충돌에 의한 에너지 밖에 없었다. 그런데 지금은 태양으로 떨어지는 운석이 거의 없으므로 태양이 새롭게 얻는 에너지는 없으며, 따라서 태양은 계속 식고 있다는 결론에 도달하였다. 태양의 총 에너지는 현재 태양이 1년 동안에 방출하는 에너지의 약 2000만 배라는 가정 아래, 태양의 나이는 적게는 1000만 살이고, 길어도 1억 살을 넘지 않을 것이라고 주장했다.

이어서 발표된 논문에서 켈빈은 지구도 태양과 마찬가지로 식어왔다는 가정 아래 지구의 나이를 계산하였다. 땅속으로 깊이 들어감에 따라 뜨거워진다는 사실은 바꾸어 말하면 지구 내부의 뜨거운 열이 밖으로 방출된다는 것을 의미하며, 이는 결국 지구가 식어가고 있다는 논리였다. 지구의 나이를 계산하기 위해서는 지구가 막 태어났을 때의 온도, 암석이 열을 전달하는 능력, 그리고 지구 겉 부분에서 식는 속도를 알아야했다. 그는 여러 가지 자료를 종합하여 지구 초기의 온도 3,870℃, 열전도율 $0.01178cm^2/s$, 온도변화율 1℃/27.76m라는 값을 얻었고, 이로부터 지구가 완전히 녹아 있던 때로부터 현재 상태에 이르기까지 9800만 년이 걸렸다는 결론을 내렸다. 하지만 켈빈도 자신의 가정에 문제가 있음을 인정해 지구의 나이는 2000만 살에서 4억 살 사이일 것이라는 폭넓은 값을 제시하였다. 하지만 1879년 쓴 논문에서 지구의 나이가 2000만~4000만 살 사이이며, 2000만 살에 더 가깝다고 결론지었다.

　수학과 물리학으로 무장한 켈빈이 태양과 지구의 나이가 1억 살보다 적다는 주장을 펼쳤을 때, 엄청나게 긴 지구의 나이를 필요로 했던 찰스 다윈이나 지질학자들은 매우 난감해 했다. 켈빈은 지구가 매우 빠른 속도로 식었다는 사실을 강조함으로써 동일과정설에 바탕을 둔 지질학의 기틀을 흔들어 놓았다.

지질학의 수호자들

켈빈의 활발한 연구 덕분에 19세기 후반의 지구 내부 연구는 물리학의 영역이 되었다. 켈빈이 밝혀낸 지구는 속이 모두 암석으로 채워진 고체

덩어리며, 지구의 나이도 1억 살을 넘지 않았다. 켈빈은 19세기 후반 유럽 과학계에서 가장 영향력이 컸던 학자로 그의 권위에 감히 대적할 수 있는 사람은 아무도 없었다. 그래서 당시 대부분의 지질학자들은 지구 내부의 구조나 나이에 관한 논쟁을 피해서 물리학자들이 접근할 수 없는 주제인 암석의 생성 순서나 역사를 알아내는 연구에 몰두하였다. 다윈도 《종의 기원》 개정판에서 지구의 나이 부분을 슬며시 빼버렸을 정도다. 시간이 흐르면서 켈빈의 이론에 도전장을 내민 사람들이 서서히 등장하기 시작하였는데, 대표적 학자는 영국의 피셔와 미국의 체임벌린이다.

오스먼드 피셔(Osmond Fisher, 1817~1914)는 케임브리지대학교에서 수학을 전공했으며, 켈빈보다 나이가 일곱 살이 많았다. 대학 4학년 때, 캠(Cam) 강에서 얼음이 깨지고 겹쳐져 울퉁불퉁한 얼음 표면이 만들어지는 모습에서 지구가 수축할 수 있다는 생각을 떠올렸다고 한다. 그는 대학을 졸업한 후에 영국 남부의 시골에서 성공회 목사로 활동하다가, 1867년 부인과 사별한 후 본격적으로 지구 연구를 시작한 특이한 경력의 소유자다. 피셔도 처음에는 당시 많은 사람들의 지지를 받고 있던 지구수축설과 켈빈의 지구 모델(속이 모두 고체인 지구)을 지지하였다. 그런데 지구가 수축하면서 산맥이 형성되려면 오히려 지구 속이 액체여야 한다는 생각을 하게 되었다. 이 내용을 정리한 것이 《지각의 물리학(The Physics of the Earth's Crust)》이란 책이다. 이 책이 발간된 당시 그의 나이가 예순네 살이었는데, 보통 사람들은 은퇴할 나이에 그러한 일을 해낸 의지가 돋보인다. 더욱이 이 저서에서 출발하여 그 후 30여 년 동안 지구에 관한 왕성한 연구 활동을 펼쳤다는 점에서 피셔의 열정은 놀랍기만 하다.

피셔는 지구가 모두 고체로 이루어졌다면 산맥의 형성 과정을 설명할 수 없다는 점을 지적한 후, 지각과 그 아래의 액체층, 그리고 중심부에 커다란 고체 핵으로 이루어진 지구 모델을 제시하였다. 속이 액체 상태임에도 땅이 출렁거리지 않는 이유는 액체 속에 녹아 있는 수증기가 완충 작용을 해 주기 때문이라고 설명함으로써 물리학자들의 공격에 대응하였다. 지구 내부가 액체상태일 때 생각할 수 있는 중요성은 지구 내부에서 대류가 일어난다는 점이다. 긴 시간에서 보면 지구는 식어가지만, 지구 내부의 대류에 의하여 지각이 옆으로 이동하여 산과 골짜기가 생겨났다고 설명하였다. 뒤에 소개할 베게너의 대륙이동설이나 홈스의 맨틀 대류설에 훨씬 앞서서 비슷한 생각을 해냈다는 점에서 기억해 둘 만한 내용이다. 지구 내부 액체층의 대류에 의하여 지각 밑 온도는 일정한 상태를 유지하며, 따라서 지각은 오랫동안 현재와 같은 상태를 유지할 수 있었다는 주장을 펼쳐 동일과정설의 숨통을 열어 주었다. 피셔는 1909년 아흔두 살의 나이에 〈지구 내부의 대류〉라는 논문을 발표하는 노익장을 과시하였지만, 자신의 생각과 관련이 깊은 대륙이동설이 그 무렵 등장했다는 사실을 알지 못한 채 1914년 타계하였다.

켈빈의 권위에 가장 강력한 도전장을 냈던 사람은 미국의 지질학자 토머스 체임벌린(Thomas C. Chamberlin, 1843~1928)이었다. 체임벌린 또한 매우 독특한 경력의 소유자로 미국 중부 위스콘신 주의 한 시골에서 태어나 자랐다. 그는 자신의 독특한 연구 철학을 세워 20세기 전반 미국 과학계를 뒤흔들었던 입지전적인 인물이다.

체임벌린은 위스콘신에서 대학을 졸업한 후, 그곳에서 지질학을 가르치고 야외조사를 하면서 자신의 미래를 준비하고 있었다. 황량한 미국 중북부 지방을 조사하는 일이 그다지 학술적으로 주목받을 만한 일은 아니었지만, 그는 열심히 조사했고 연구 결과의 하나로 지난 수백 만 년 동안 위스콘신 일대가 빙하로 덮여 있었다는 사실을 알아냈다. 이러한 연구 능력을 인정받아 1881년 미국 지질 조사소 빙하연구실 책임자가 되었고, 1887년에는 위스콘신대학교(University of Wisconsin) 총장으로 발탁되었다. 1892년에는 시카고대학교(University of Chicago)에 신설된 지질학과의 학과장으로 초빙되었는데, 체임벌린은 그 자리를 기꺼이 받아들였다. 대학 총장이었던 사람이 신설 학과의 학과장 자리를 받아들였다는 사실에서 특별한 성품을 엿볼 수 있다. 시카고대학교로 옮겨 함께 일할 교수진으로 당시 미국 최고 수준의 과학자들을 뽑았으며, 학술지《지질학회지(Journal of Geology)》를 창간하여 그들의 연구 결과를 실을 공간도 마련해 주었다. 이러한 체임벌린의 노력 덕분에 시카고대학교 지질학과는 곧바로 미국 최고 수준의 교육기관으로 인정받게 되었고, 그 전통은 지금까지도 이어져 내려오고 있다.

그는 켈빈이 내린 결론의 옳고 그름을 따지지 않고, 켈빈이 문제에 접근하는 방식을 공격하였다. 예를 들면, 켈빈의 논문에 자주 등장하는 문구인 "다른 가능성은 전혀 없다(no other possible alternative)."라든지 "분명한 사실(certain truth)"이라는 식의 표현은 논리적으로 옳지 않다는 점을 지적하였다(Chamberlin, 1899). 아무리 정교해 보이는 수학이나 물리학을 동원한다고 해도 검증되지 않은 가정을 가지고 문제를 푸는 것은 틀릴 수 있다는 논리였다. 체임벌린은 검증되지 않은 가정의 예로 원시 지구가 모두 녹아 있다는 점을 들었다. 만약 운석들이 모여 원시 지구를 만들었다면, 그 충돌에너지만 가지고 원시 지구를 모두 녹이기는 어렵다고 생각했다. 그는 자신의 가정도 마찬가지로 증명하기 어렵다는 점을 인정하면서, 자신의 가설을 켈빈의 가설과 똑같은 비중으로 다루어 주기를 요청하였다. 이에 덧붙여 체임벌린은 태양이 가지고 있는 총 에너지량이나 1년에 방출되는 에너지량을 정확히 측정할 수 없기 때문에 켈빈이 제시했던 1억 살 미만이라는 태양의 나이도 믿을 수 없다고 결론지었다.

그는 원래 위스콘신 지방의 빙하퇴적물 연구로 과학계에 입문하였지만, 학문에 대한 욕구는 단순히 빙하퇴적물만 연구하고 있기에는 주체할 수 없을 정도로 강렬했던 듯하다. 연구 대상을 지질학에 국한시키지 않고 천문학과 철학의 영역까지 넓혀나갔다. 그러면서도 '지질학이란 학문은 단순히 암석만 다루는 자연과학의 한 분야에 그치는 것이 아니라, 생명과 인간정신을 다루는 속성이 있다.'는 점을 강조하여 지질학이 모든 학문 분야 중에서 가장 중요하다고 주장하였다.

체임벌린은 미행성들이 모여 현재의 태양계 행성을 이루었다는 미행성설(planetesimal hypothesis)을 발표했다. 체임벌린은 지구가 수축하는 것이 아니라 모여든 미행성들이 자신들의 무게에 의하여 찌그러든 것이라고 설명하였다. 이러한 해석은 당시 방사능 붕괴에 의하여 지구 내부에 열이 축적된다는 이론의 등장으로 힘을 잃은 지구수축설이 소생할 수 있는 발판을 마련해 주었다. 이 주장을 지지해 주는 또 다른 예로 달을 끌어들였는데, 달의 밀도가 낮은 것은 달을 만든 미행성의 수가 적어서 그만큼 덜 수축했기 때문이라는 논리를 펼쳤다. 체임벌린은 이러한 이론적 바탕 위에 원시 지구의 반지름이 현재보다 1,200킬로미터 더 컸었다는 연구 결과도 발표하였다. 결국 지구가 수축하면 지각이 무너져 내리고, 그에 따라 해수면이 오르고 내렸다는 것이다. 그러므로 지층을 잘 조사하면, 해수면이 오르고 내린 역사를 추적할 수 있다고 단언하였다.

학문적으로, 그리고 사회적으로 크게 성공한 체임벌린은 항상 자신감에 넘쳤고, 나중에는 자신의 이론을 따르지 않는 미국 학자들을 반애국자로 모는 극단적인 면모를 보여 주기도 했다. 그가 강연할 때 보여 주는 설교적이고 확신에 찬 어휘구사와 머뭇거리지 않고 물 흐르듯 말하는 어투에서 카리스마가 돋보였다고 한다. 체임벌린은 미국주의(Americanism)라는 이데올로기를 창시한 사람이었고, 과학사학자 로버트 우드(Robert M. Wood)가 체임벌린을 공산주의의 대부인 레닌(Nikolai Lenin)과 비교했다는 사실에서 당시 미국에서 체임벌린의 위상을 찾아볼 수 있다. 1928년 체임벌린이 죽은 후, 그의 동료이자 후배였던 베일리 윌리스(Bailey Willis)는 비문에 다음과 같은 문구를 새겨 넣었다. "아리스토텔레스 322BC, 코페르니쿠스 1543년, 갈릴레오 1642년, 뉴턴 1727년, 라플라스 1827년, 다윈 1882년, 체임벌린 1928년." 당시 그는 미국의 우상이었다.

지구에서 떨어져 나간 달

15~16세기의 지리적 탐험에 의하여 개략적인 세계지도가 만들어졌을 때, 사람들은 대서양 양쪽 해안선 윤곽이 마치 조각 그림 맞추기처럼 잘 들어맞는 점에 주목하였다. 당시 유럽의 저명한 학자였던 베이컨이나 뷔퐁은 어떻게 그러한 모습이 만들어졌는지 그 형성 원인을 알아내기 위해 고민했다. 하지만 당시의 과학 수준으로는 그 원인을 알아내기 어려웠다. 19세기에 접어들면서 근대 자연과학의 등장과 함께 학자들은 이 문제를 진지하게 생각하기 시작하였다.

19세기의 유명한 자연지리학자인 독일의 알렉산더 폰 훔볼트(Alexander von Humboldt, 1769~1859)는 남아메리카 대륙을 탐사한 후, 현재 대서양 자리에 있던 땅덩어리는 하천의 침식과정에 의하여 패여 나갔으며 노아의 홍수가 일어났을 때 그곳에 물이 고여 대서양이 만들어졌다고 설명하였다.

19세기 중엽, 대서양 양쪽 해안선의 윤곽이 잘 들어맞는 점을 대륙의 수평이동으로 설명한 사람이 있었는데, 그는 파리에 살고 있던 이탈리아계 미국인 안토니오 스나이더-펠리그리니(Antonio Snider-Pellegrini, 1802~1885)였다. 사하라 사막을 기름진 땅으로 바꾸겠다는 엉뚱한 사업을 계획한 것을 보면 스나이더-펠리그리니는 괴팍한 사람이었던 듯하다. 그 괴팍함은 1858년 발간한 《천지창조와 그 벗겨진 신비(La Création et ses mystères dévoilés)》라는 책 제목에서도 엿볼 수 있는데, 그는 그 책에서 지

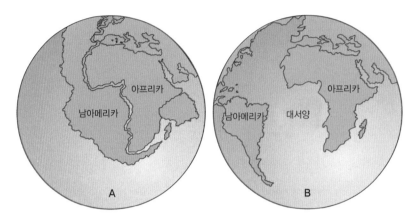

그림 2-1. 1859년 스나이더-펠리그리니가 제안한 대서양의 탄생. 원래 한 덩어리였던 대륙(A)이 갈라져 대서양이 탄생(B)하였다고 주장했다.

구의 역사를 성경에 써진 내용으로 설명할 수 있다고 주장했다. 천지창조 제6일째 되던 날 갑자기 지구 내부에서 폭발이 일어나 지구는 원래 크기의 4분의 3으로 수축하였다는 것이다. 태초에 지구는 모든 대륙이 한 덩어리를 이루고 있었지만, 이 사건으로 지각이 갈라지면서 구대륙과 신대륙 사이에 대서양이 탄생하였고, 이때 지구 속에서 솟아오른 물이 유럽과 아프리카 쪽으로 넘쳐흘러 노아의 홍수를 일으켰다고 설명하였다. 그런데 스나이더-펠리그리니가 이러한 주장을 하게 된 배경에 유럽인과 아메리카 인디언을 차별하려는 의도가 숨어 있었다. 노아의 홍수가 유럽을 덮쳤기 때문에 유럽인들은 노아의 방주에서 살아남은 노아의 직계 후예로 하나님으로부터 선택받은 사람들이지만, 홍수의 영향을 받지 않은 아메리카 인디언들은 노아와는 계보가 다른 선택받지 못한 사람들이라는 이야기다.

하지만 19세기 중엽의 과학계는 실증적 사고를 중요시하였기 때문에 노아의 홍수라는 신화나 전설 같은 이야기를 끌어들인 스나이더-펠리그리니의 주장은 과학자들의 관심을 끌지 못했다. 그런데도 1861년 영국의 존 페퍼(John H. Pepper)가 그의 베스트셀러 《금속의 각본》이란 책에서 위의 내용을 소개한 후 세상에 널리 알려졌다. 페퍼는 바다가 육지를 덮칠 때 영국 해안에 떠 있던 나무둥치들이 석탄으로 변했다고 했고, 바다가 육지를 덮친 사건을 설명할 때 스나이더-펠리그리니의 그림을 인용했던 것이다.

이처럼 비전문가들이 대서양 형성을 논하는 혼란 속에서 과학자들 중에도 태평양과 대서양과 관련된 연구를 하고 있던 사람들이 있었다. 당시 유럽 사회에서는 달이 지구에서 떨어져 나갔다는 이야기가 떠돌고 있었는데, 찰스 다윈의 둘째 아들인 조지 다윈(George Darwin, 1845~1912)이 이 문제에 본격적으로 끼어들었다. 켈빈의 제자로 나중에 케임브리지대학교 천문학교수가 되었던 조지 다윈이 원래 연구하려고 했던 주제는 밀물과 썰물이 지구의 자전속도에 어떤 영향을 미치는가 하는 내용이었다. 밀물과 썰물은 달의 인력 때문에 생겨나는 현상으로 이 때문에 지구의 자전이 느려진다는 사실을 바탕으로 1871년 켈빈은 5만 년에 약 1초씩 하루가 길어진다는 구체적인 연구 결과를 발표하였다. 최신 관측에 의하면 10만 년에 2초씩 하루가 길어진다고 하니까 그의 계산 능력이 놀랍기만 하다.

켈빈의 연구를 이어받아 조지 다윈은 이 문제를 더욱 파고들었다. 그는 지구의 자전속도가 느려지면 달의 공전주기도 길어지며, 그 결과 달이 지구로부터 멀어지고 있음을 알아냈다(현재 달은 지구로부터 매년 3센티미터씩 멀어지고 있다.). 나아가서 지구의 자전주기(현재 약 23시간 56분)와 달의 공전주기(현재 27.3일)가 같아지는 경우가 두 번 있음을 이론적으로 계산해냈는데, 하나는 5시간 36분이고 다른 하나는 55일이었다(Darwin, 1879). 이는 지구 형성 초기에 지구의 하루가 5시간 36분이었던 때가 있었고, 먼 훗날 언젠가 지구의 하루가 55일이 될 것임을 의미한다. 지구의 자전주기와 달의 공전주기가 같으면, 지구와 달은 항상 서로 같은 면을 보면서 돌게 된다. 마치 투포환 선수(지구)가 포환(달)을 돌리고 있는 모습이다. 조지 다윈은 지구의 자전주기가 5시간 36분이었던 아주 오랜 옛날, 달이 지구로부터 약 2만 킬로미터 떨어져 있었다는 결론도 함께 제시하였다(최근 이론에 의하면, 45억 년 전 달은 지구로부터 24만 킬로미터 떨어져 있었고, 현재 달은 지구로부터 38만 킬로미터 떨어져 있다.).

조지 다윈은 만일 지구의 자전주기가 5시간 36분보다 빨랐다면 어땠을까 하는 문제에도 도전하였지만, 이를 수학적으로 풀지는 못했다. 그럼에도 예전에 지구와 달이 한 덩어리인 상태로 돌았던 때가 있었다는 가정 아래, 달이 지구로부터 5600만 년 전에 떨어져 나갔다는 논문을 발표하였다. 이 연구 결과는 켈빈의 지구 나이가 믿을 만 하다는 점을 지지해 주는 또 다른 증거였다.

한편, 조지 다윈의 달 연구에 주목하고 있던 영국의 오스먼드 피셔는 달이 떨어져 나갈 때 일어날 수 있는 지질학적 의미를 파고들었다. 1882년《네이처》에 발표한 논문에서 피셔는 만일 달이 지구에서 떨어져 나갔다면 그 흔적이 지구 어딘가에 남아 있어야 하는데, 그것은 태평양일 것이라고 지목하였다. 태초에는 현재보다 대륙의 분포가 넓었는데(지금 대륙은 지표면의 약 30퍼센트를 덮고 있다.), 이는 태평양 자리에 있었던 대륙이 떨어져 나가 달을 만들었기 때문이라고 추정하였다. 그 근거로 달의 밀도가 지구보다 훨씬 낮다는 사실을 들었다(지구의 밀도는 5.5g/cm³이며, 달은 3.3g/cm³이다.). 피셔는 더 나아가 현재의 태평양 부근 대륙이 떨어져 나간 후 생긴 공간을 메우기 위하여 지구에 남아 있던 대륙이 갈라졌고, 그 갈라진 틈을 따라 대서양이 만들어졌다고 주장하였다. 그렇기 때문에 태평양은 가장자리가 동그랗고 복잡한데 반하여 대서양은 양쪽 해안선이 거의 나란하다고 설명하였다. (이 연구 결과는 사실이 아님에도 불구하고) 얼마나 멋진 설명인가! 조지 다윈의 달 탄생 이론과 피셔에 의한 태평양과 대서양의 형성 이론은 잘 어울렸기 때문에 당시 과학계에서 좋은 반응을 얻었다.

이들의 연구 결과에 영향을 받은 미국의 윌리엄 피커링(William H. Pickering)이라는 학자는 달이 떨어져 나갈 때 태평양에 남겨진 자국이 현재의 하와이 섬이라는 놀라운 주장을 내놨다. 마치 밀가루 반죽을 한 후 한 덩어리를 떼어내고 나면 밑에 남는 뽀족한 모습과 비슷하다는 논리였다. 그러므로 달 암석을 연구하기 위해서 달까지 갈 필요 없이 하와이 섬으로 가면 된다고 하는 웃지 못할 주장을 펼치기도 하였다.

수축하는 지구

19세기 중반 일반적으로 받아들여졌던 생각 중 하나는 지구가 태초에는 모두 녹아 있었다는 가설이었다. 그러므로 녹은 돌덩어리였던 지구가 식으면 수축하여 산맥이 만들어지고 바다도 생겨났다는 이야기다. 이 가설이 지구수축설(contraction theory)이다.

지구수축설을 처음 제창한 학자는 미국의 제임스 다나(James D. Dana, 1813~1895)였다. 그는 예일대학교(Yale University)를 졸업한 후, 화학자이자 광물학자였던 벤저민 실리만(Benjamin Silliman)교수 연구실에서 조교생활을 시작으로 과학자의 길에 들어섰다. 1838년부터 4년 동안은 미국의 남극양 탐험에 참가하여 지질과 동물 조사의 책임을 맡았고, 귀국해서는 다시 예일에서 연구를 이어갔다. 그 후, 10여 년 동안 다나는 매우 활발한 연구와 저술활동을 바탕으로 유명한 저서《광물학 교본》과《광물학의 체계》를 출간하였다. 이 책들은 오늘날까지도 광물학의 중요한 문헌으로 인용되고 있다.

다나는 지구가 태초에 뜨겁게 녹아 있던 상태에서 식었다는 가정으로부터 출발하였다. 지구의 온도가 내려가면 낮은 온도에서 만들어진 석영과 장석은 대륙을, 높은 온도에서 생성된 감람석과 휘석 같은 무거운 광물은 해양을 만들었다고 생각하였다. 지구가 수축하면 지구 표면은 찌그러들었을 텐데, 이때 대륙과 해양의 경계 부분에 특히 힘이 많이 가해져 복잡한 습곡 산맥이 만들어졌고, 그 대표적인 예가 로키 산맥이나 안데스 산맥이라고 제안하였다. 수축이 진행되면 산맥은 더욱 심하게 변형되었지만, 그래도 대륙은 항상 대륙으로 해양은 항상 해양으로 존재한다고 주장했다. 이러한 관점에서 다나의 지구수축설은 지각불변론(permanence theory)이라고도 불린다. 한편에서는 산맥이 왜 지구 표면에 골고루 분포하지 않는지, 높은 산맥은 왜 특정한 시기에만 만들어졌는지(현재 지구상의 높은 산맥인 히말라야, 알프스, 안데스 산맥 등은 모두 신생대에 만들어졌다.) 하는 의문이 제기되기도 했지만, 전반적으로 지구가 식어 수축한다는 생각에는 이견이 없었다.

19세기 중엽, 다나의 지각불변론과 잘 어우러진 이론의 하나가 최근까지도 중·고등학교 지구과학 교과서에서 중요하게 다루었던 지향사(地向斜 geosyncline)라는 개념이다. 지향사란 퇴적물이 두껍게 쌓여 만들어진 오목한 분지를 말하며, 미국의 고생물학자 제임스 홀(James Hall)이 제안한 개념이다.

주로 미국 동부 애팔래치아 산맥을 조사했던 홀은 산맥의 형성 과정을 궁금해 했다. 애팔래치아 산맥의 암석은 대부분 얕은 바다 퇴적물인데, 이처럼 두꺼운 지층이 어떻게 쌓였으며, 어떤 과정을 거쳐서 지층들이 그토록 복잡하게 겹쳐진 모습을 만들었을까하는 내용들이다. 홀은 오랜 고민 끝에 대륙 가장자리의 얕은 바다에 퇴적물이 쌓이면, 그 무게 때문에 대륙 가장자리는 더 가라앉게 되고, 그러면 퇴적물이 다시 쌓이고 가라앉고 하는 과정을 반복했다는 가설을 세웠다. 이 과정이 오래 지속되면 퇴적물이 두껍게 쌓여 오목한 그릇 모양이 될 텐데, 이 오목한 그릇

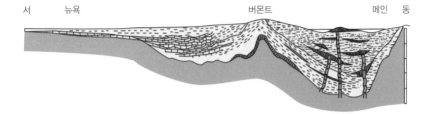

서　　　뉴욕　　　　　　　　　　　　　버몬트　　　　　　　　메인　동

그림 2-2. 미국 동부 애팔래치아 산맥을 연구하던 20세기 전반의 학자들이 생각했던 지향사의 모습.

모양의 지형을 지향사라고 부를 것을 제안하였다. 이 지향사 퇴적물이 지하 깊은 곳에 묻히면 높은 온도와 압력에 의하여 암석이 된 후, 지표면으로 솟아올라 높은 산맥을 만들었다는 설명이다.

　지향사 이론은 퇴적물이 쌓이는 과정은 잘 설명하지만, 퇴적물이 솟아올라 산맥이 만들어지는 과정을 설명하기 어려웠다. 그럼에도 불구하고, 다른 적절한 대안이 없었기 때문에 지향사 이론은 최근까지도 거의 모든 교과서에서 다루었다. 하지만, 지향사와 같은 지형을 현재 지구 어디에서도 찾아 볼 수 없다는 점에서 그 실체에 대해서는 항상 의심스러워했다(지향사를 판구조론의 관점에서 설명한 내용은 221쪽 참조).

　미국에서 출발한 지구수축설을 더욱 발전시킨 사람은 오스트리아의 에두아르트 쥐스(Eduard Suess, 1831~1914)였다. 쥐스는 빈대학교(University of Wien)의 지질학 교수로 당시 유럽 학계에 큰 영향을 미쳤고, 중년 이후에는 정치에 적극적으로 참여하여 과격한 정책을 편 정치인으로 악명을 떨치기도 하였다.

1857년에 발표한 《알프스의 기원》이라는 저서에서는 알프스처럼 높은 산맥이 형성되기 위해서는 지층이 수직으로 이동해야 한다는 점을 명확히 제시하였다. 쥐스는 이 이론을 전 지구로 넓혀서 지구가 수축함에 따라 대륙과 해양의 모습이 변했다는 점을 강조하였다. 쥐스는 그 내용을 《지구의 표면》이라는 저서에 자세히 서술하였는데, 이 책은 1883년에 제1권이 출간된 후 1909년 마지막 제4권이 발간되기까지 20여 년이 걸린 대작이었다.

쥐스는 지구 내부가 지각, 맨틀, 핵의 세 층으로 이루어진다는 전제 아래, 지각의 구조와 형성 과정을 설명하는 데 주력하였다. 태초에는 지각이 지구 표면에 골고루 분포하고 있었으나 내부가 수축하면서 지각이 무너져 내려 오목한 곳은 바다를 그리고 높은 곳은 대륙을 형성하였다고 생각했다. 수축이 더 진행되면 원래 높은 곳에 있던 대륙이 무너져 내려 다음 세대의 바다가 만들어졌고, 예전의 바다는 대륙이 되었다고 주장하였다. 이러한 점에서 쥐스의 이론을 단순수축론(contraction theory)이라고 부르는데, 바다가 육지가 되고 육지는 다시 바다가 된다는 점에서 앞서 설명한 다나의 지각불변론과 근본적인 차이가 있었다. 이처럼 대륙과 해양이 수시로 바뀔 수 있다는 생각은 당시 풀기 어려웠던 여러 가지 문제―예를 들면, 멀리 떨어져 있는 대륙에서 같은 종류의 동물이나 화석이 발견되는 점―를 쉽게 설명해 주는 장점이 있었다. 즉, 예전에는 대륙들이 연결되어 있어서 생물의 왕래가 가능했으나 대륙 사이에 있던 땅덩어리가 가라앉아 지금은 바다 밑에 있다는 것이다.

쥐스는 이미 알려져 있던 자료들을 다시 해석하여 자신만의 독특한 이론을 세웠다. 그는 도서관에 앉아서 자신의 이론을 뒷받침할 자료를 찾았다. 이러한 점에서 쥐스의 연구는 탁상 지질학이라고 부를 수 있다. 그의 연구 도구는 필드노트와 돌을 깨는 망치가 아니라 도서관에 비치된 도서카드와 과학적 상상력이었다.

쥐스는 지구를 마른 사과에 비유하였다. 사과가 말라 주름이 지는 것처럼, 지구도 마르면 주름이 지는데 높은 곳은 대륙이 되고 낮은 곳은 바다가 된다는 이야기다. 쥐스에게 산맥은 늙은 지구에 생겨난 주름살이었다. 19세기 후반은 물리학자들과 지질학자들 사이에 지구의 나이와 내부 상태에 관한 논쟁으로 시끄러웠지만, 그래도 의견이 일치했던 내용의 하나는 지구가 수축하고 있다는 점이었다.

곤드와나와 아틀란티스 대륙

19세기 중엽, 그린란드를 탐험하던 사람들은 그린란드 서쪽에 있는 디스코(Disco) 만에서 두꺼운 석탄층을 발견하고 무척 놀랐다. 석탄층은 보통 열대 우림의 나무들이 쌓여 만들어진 것으로 알려져 있었기 때문에 추운 극지방에서 석탄층이 발견된 것은 놀라운 뉴스거리였다. 이 소식을 들은 라이엘은 육지와 바다의 분포가 달라지면 기후가 달라졌을 것이고, 그러면 그린란드에도 석탄이 쌓일 수 있다고 설명했다.

아메리카 신대륙이 발견된 후, 대서양 양쪽 해안선이 거의 나란하다는 사실이 알려졌다. 그 이유를 옛 기록에서 찾으려고 했던 사람들은 기원전 플라톤의 저서에 등장했던 전설의 대륙 아틀란티스(Atlantis)에 주목하였다. 아틀란티스 대륙이 무너져 내려 대서양이 만들어진 일과 성경에 등장하는 노아의 홍수를 연결시켜 두 사건은 마치 역사적 사실인양 사람들의 입에 오르내렸다. 당시 유럽 사람들은 새로운 과학적 발견이 나올 때마다 그 내용을 어떻게 하면 성경과 연결시킬 수 있을까하고 고민했었다.

17세기 중엽에 지구상에는 약 6,000종의 생물이 있다고 알려졌을 때(현재 학술적으로 알려진 생물은 약 180만 종이다.), 당시 사람들이 궁금해 했던 점들이 많았다. 예를 들면, 그 많은 동물들을 어떻게 암수 한 쌍씩 노아의 방주 속에 다 실을 수 있었을까? 징그러운 양서류나 날아다니는 새, 그리고 뿌리를 내리고 살아야 하는 식물들은 어떻게 실었을까? 홍수를 일으켰던 물은 어디에서 왔고 어디로 갔을까? 노아의 자녀들은 그 짧은 기간 동안에 어떻게 세계 곳곳으로 퍼져 나갔을까? 아메리카 대륙이 발견된 후에는 더욱 심각한 문제들이 등장했다. 왜냐하면 이제까지 유럽이나 아시아에는 없던 새로운 동식물들이 발견되었기 때문이다. 아메리카 원주민들은 항해 능력도 없었을 뿐더러 또 설사 그러한 능력이 있었다고 해도 가축은 데려갔겠지만, 곰이나 살쾡이, 그리고 뱀처럼 쓸모없는 동물들까지도 싣고 갔겠는가 하는 의문을 품기도 했다. 어떤 사람은 겨울철에 바다가 얼었을 때 아시아 쪽에서 건너갔다는 의견을 내기도 했고, 또 어떤 사람은 지구수축설에 근거하여 예전에는 대륙과 대륙을 연결하는 육교(land bridge)가 있었다고 주장하기도 하였다.

현생 생물을 연구하는 학자들이 생물의 지리적 분포를 설명하기 위한 연구를 활발히 하고 있을 때, 고생물학자들도 화석과 지리적 분포의 관계를 연구하기 시작하였다. 19세기 후반에 아프리카, 남아메리카, 인도, 오스트레일리아 대륙에서 석탄기(약 3억 년 전)의 빙하퇴적층이 새롭게 알려졌고, 이 빙하퇴적층 사이에 있던 석탄층에서 글로소프테리스(Glossopteris)라는 특이한 나무고사리 화석이 발견되었다. 그래서 학자들은 이 대륙들이 지금은 멀리 떨어져 있지만, 예전에는 어떤 형태로든지 연결되어 있었으리라고 생각하였다.

오스트리아의 쥐스는 이 자료를 참고하여 그의 저서 《지구의 표면》에서 예전에 지구에는 2개의 초대륙이 있었다고 용감하게 제안하였다. 그중 하나는 곤드와나 대륙이었고, 다른 하나는 아틀란티스 대륙이었다. 곤드와나라는 이름은 글로소프테리스 화석이 발견된 인도의 한 지방인 곤드(Gond)에서 따왔으며, 곤드와나(Gondwana)는 힌두어로 '곤드 사람이 사는 땅'이라는 뜻이다. 곤드와나는 주로 남반구를 차지하고 있는 남아메리카, 아프리카, 인도, 호주, 남극대륙을 아우르는 초대륙이었다. 그리고 이에 대응하는 북반구의 대륙으로 전설의 대륙 아틀란티스를 끌어들였다. 그리고 이 두 초대륙 사이에 있던 바다에 테티스(Tethys)라는 이름을 붙였다.

사실 쥐스는 자신의 논문에서 한번도 이 대륙들의 분포를 그린 적이 없었다. 왜냐하면 쥐스는 곤드와나 초대륙이 남반구 전체를 덮고 있었다

그림 2-3. 페름기와 트라이아스기에 곤드와나 대륙에 살았던 식물 글로소프테리스.

고 생각했기 때문이었다. 하지만 어떤 학자들은 멀리 떨어진 대륙을 육교로 연결하는 방식을 택하였다. 그러한 육교의 예로 현재 남·북아메리카를 연결하고 있는 파나마 부근을 들었다. 예전에는 좁고 긴 육교를 따라 동식물들이 이동하는 것이 가능했지만, 지구가 수축하면서 육교가 무너져 내렸다는 설명이었다. 19세기 후반, 지구수축설은 육교의 존재와 생물의 분포를 모두 설명할 수 있는 만족스러운 이론이었다.

지구수축설, 설 자리를 잃다

앞에서 이미 소개한 것처럼, 19세기 후반에는 두 가지 형태의 지구수축설이 공존하고 있었다. 하나는 다나의 지각불변론으로 해양은 언제나 해양, 대륙은 언제나 대륙이었다는 생각이었고, 다른 하나는 쥐스의 단순수축론으로 해양과 대륙은 때에 따라 바뀌었다는 가설이었다.

1840년대, 인도 대륙의 측량을 책임 맡고 있었던 영국의 조지 에베레스트(George Everest, 1790~1866)는 히말라야산맥 부근의 갠지스 계곡을 조사하고 있었다. 그런데 약 600킬로미터 떨어져 있는 두 도시 킬리아나(Kiliana)와 킬리안푸르(Kilianpure) 사이의 거리를 두 가지 다른 방법—삼각측량법과 천체를 이용한 방법—으로 측정했는데 그 결과가 모두 달랐다. 에베레스트는 그 차이가 히말라야산맥 때문일지도 모른다고 생각하고, 이 문제를 케임브리지대학교 출신의 수학자이며 당시 캘커타의 부감독이었던 존 프랫(John H. Pratt, 1809~1871)에게 연구하도록 의뢰하였다.

프랫은 히말라야 산맥이 미치는 중력효과를 고려하여 계산하였는데, 그 배경은 일찍이 뉴턴이 높은 산 부근에서는 산의 중력 때문에 측량기의 추(錘)가 산 쪽으로 기울 것이라고 예측했기 때문이었다. 그런데 놀랍게도 측량기의 추가 예상보다 훨씬 덜 기울었다. 프랫은 그 이유가 산맥을 이루고 있는 물질의 밀도가 상대적으로 작기 때문이라고 생각하고 연구 결과를 1855년 발표하였다(Pratt, 1855). 그는 논문에서 지각의 밀도는 지역에 따라 다르며, 지형적으로 높은 지역은 밀도가 작고 낮은 지역은 밀

A

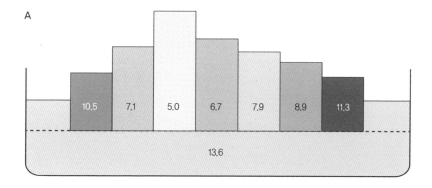

10.5 7.1 5.0 6.7 7.9 8.9 11.3

13.6

B

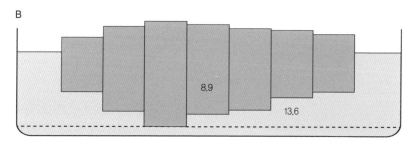

8.9

13.6

그림 2-4. 지각평형에 관한 두 가지 모델. 프랫은 밀도가 다른 물질로 이루어진 지구의 겉 부분이 무거운 층 위에 떠있는 모습으로 그렸고(A), 에어리는 밀도가 같은 물질로 이루어지지만 두께가 다른 지구의 겉 부분이 무거운 층 위에 떠있는 모습(B)으로 그렸다.

도가 크다는 결론을 내렸다. 하지만 지각을 받치고 있는 깊이는 지구 어디에서나 똑같다는 가정 아래, 지각은 맨틀 위에 떠 있다고 주장하였다(그림 2-4에서 A). 우리는 지금 이 개념을 지각평형(isostasy)이라고 부른다.

한편, 당시 영국 천문대장이었던 조지 에어리(George B. Airy, 1801~1892)는 프랫과 다른 생각을 같은 해에 영국 왕립협회에서 발표하였다(Airy, 1855). 에어리는 지각의 밀도가 같아도 장소에 따라 두께가 다르면 같은 결과가 나올 수 있음을 제시하였다. 낮은 지역은 지각이 얇고 높은 지역은 지각이 두껍다는 뜻인데, 이는 높은 산 밑에는 그 무게를 지탱하기 위한 깊은 뿌리가 있다는 설명이다. 프랫의 모델과 달리 곳에 따라 두께가 다른 지각이 맨틀 위에 떠 있는 모습이며, 이는 바다 위에 떠 있는 빙산을 연상하면 된다고 주장하였다. 그러므로 프랫의 모델에서는 지각 아래 면이 거의 평탄한 모습인데 반하여, 에어리의 모델에서는 지각 아래 면이 울퉁불퉁하다(그림 2-4에서 B). 또 에어리는 지각 아래의 층을 '용암(lava)'이라고 불러 마치 지각이 녹은 암석 위에 떠 있는 것 같은 오해를 불러일으키기도 했다.

4년 후인 1859년, 프랫은 에어리의 주장에 대한 반론을 제기하였다. 홉킨스의 계산에 의하면 지구 겉 부분 1,600킬로미터는 단단한 고체이므로 에어리의 모델은 성립할 수 없다는 것이었다. 그리고 아래의 액체 층과 지각의 성분이 같다면 액체인 아래층이 더 가벼워야 한다고 주장하였다. 에어리의 지각평형 모델은 지구 내부가 액체상태라는 지구물리학자들의 생각과 어울리고, 프랫의 지각평형 모델은 지구 내부가 고체상태라는 지질학자들의 지지를 받으면서 오랜 논쟁으로 이어졌다. 어찌되었든 두 모델 모두 가벼운 물질로 이루어진 대륙이 무거운 층 위에 떠 있는 모습으로 그렸기 때문에 대륙이 가라앉아 해양이 된다는 쥐스의 단순수축설은 위협을 받게 되었다.

19세기 후반 지구에 관한 지식이 늘어나면서 지구수축설은 여러 분야로부터 신랄한 공격을 받게 된다. 첫 번째는 위에서 이미 설명한 지각평형설의 등장이었고, 두 번째는 알프스와 애팔래치아 산맥의 지질구조를 연구하던 학자들이 반론을 들고 나왔으며, 마지막으로 결정타를 날린 것은 방사능의 발견이었다.

19세기 후반 미국의 지질학자 클래런스 더턴(Clarence Dutton, 1841~1912)은 탐험가로 유명했던 존 파월(John Powell)과 함께 로키 산맥과 콜로라도 고원을 탐사하여 다나의 지각불변론을 지지하는 연구 결과를 얻었다. 그랜드 캐니언은 콜로라도 강의 침식 작용에 의하여 깎여 나간 땅덩어리 무게만큼 가벼워진 콜로라도 고원이 솟아올라 만들어진 깊은 계곡이라고 생각했다. 그랜드 캐니언을 탐사하면서 이러한 생각을 해낸 더턴은 다나의 가설을 더욱 발전시켜 지각평형(지각평형이란 용어를 처음으로 제안한 사람은 더턴이었다.)은 밀도에 의하여 결정되며, 따라서 가벼운 물질은 솟아올라 대륙이 되고, 무거운 물질은 가라앉아 해양이 되었다는 이론을 정립하였다.

지각이 솟아오른다는 사실은 당시 유럽에서 이미 잘 알려져 있었던 내용이었다. 북유럽을 덮고 있던 빙하가 물러난 후, 스칸디나비아 반도가 매년 수 센티미터씩 빠르게 솟아오르고 있었기 때문이다. 미국 위스콘신 지방을 조사하고 있던 체임벌린도 예전에 그곳을 덮고 있던 빙하가 물러난 후 북쪽이 남쪽보다 빨리 솟아오르고 있다는 사실을 알았고, 현재는 오대호의 물이 동쪽으로 흘러 대서양으로 들어가지만 머지않아 모두 미시시피 강으로 흘러나가는 때가 올 것이라고 놀라운 예측을 하였다. 지각평형 이론은 한번 대륙이었던 곳은 영원히 대륙으로 존재함을 의미한다. 이 이론이 확산되면서 지구 수축과정에서 육교가 침강했다고 주장하던 지구수축설은 힘을 잃게 되었다.

한편, 알프스 산맥을 조사하고 있던 사람들은 그곳의 지층이 매우 복잡하게 겹쳐져 있음을 알아내기 시작하였다. 1840년대 초, 알프스 산맥을 조사하던 스위스의 지질학자 아르놀트 반 데르 린트(Arnold Escher van der Linth, 1807~1872)는 젊은 지층(중생대와 신생대) 위에 오랜 지층(페름기의 붉은 사암층)이 놓여 있음을 알고, 어떻게 그런 일이 일어날 수 있을까하고 고민했다. 반 데르 린트는 그러한 지층의 분포를 설명하기 위해서 두 개의 거대한 습곡구조를 생각해냈다(그림 2-5에서 A). 문제는 그와 같은 습곡구조가 만들어지려면 지층이 적어도 수평으로 15킬로미터 정도 겹쳐져야 했다. 당시 학문적 풍토에서 그러한 생각을 해낸 것만으로도 놀라웠다. 실제로 반 데르 린트 자신도 '만약 내가 이 내용을 발표하면, 사람들은 나를 정신병동으로 집어넣으려고 할 거야.'라고 말했다고 전해진다. 그 때문인지는 모르지만, 반 데르 린트는 그 연구 결과를 공식적으로 발표하지 않았다.

미발표 원고로 남겨져 있던 반 데르 린트의 연구 결과는 1870년대에 이르러 또 다른 알프스 연구자인 프랑스의 마르셀 알렉상드르 베르트랑(Marcel Alexandre Bertrand, 1847~1907)이 그 지역에 대한 지질자료를 검색하는 과정에서 드러나게 되었다. 그런데 베르트랑은 반 데르 린트와 달리 하나의 거대한 충상단층(thrust fault)으로 그 구조를 해석할 수 있음을 보여 주었다(그림 2-5에서 B). 그러기 위해서는 지층이 수평으로 100킬로미

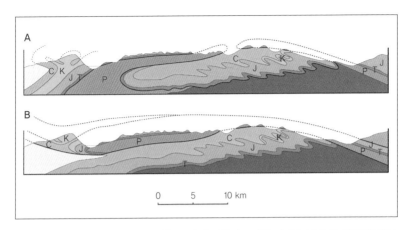

그림 2-5. 알프스 산맥의 지질구조 해석. A, 반 데르 린트는 2개의 커다란 습곡으로 지질구조 해석. B, 베르트랑은 지층이 수평으로 100킬로미터 이상 접힌 것으로 해석하였는데, 그 모습이 마치 식탁보를 접은 모습이기 때문에 냅(nappe)이라는 명칭을 제안하였다. (P: 페름기층, T: 트라이아스기층, J: 쥐라기층, K: 백악기층, C: 신생대층)

터는 움직여야 했는데, 그 모습이 마치 식탁보를 접어놓은 것 같다는 데서 그 지질구조를 냅(nappe: 프랑스어로 식탁보)이라고 명명하였다. 그 후, 냅 구조는 알프스산맥 곳곳에서 발견되었으며, 1903년 비엔나에서 열린 국제 지질학회에서 냅은 새로운 지질학 용어로 공인되었다. 당시 지구수축설 지지자들은 지층이 접히는 것은 지구가 수축하는 과정에서 얼마든지 일어날 수 있다고 주장하였다. 하지만 그러한 냅 구조가 세계 곳곳에서 발견되었고, 그처럼 엄청난 수평이동이 이루어지려면 지구가 엄청나게 수축해야 한다는 문제점이 드러나면서 사람들은 지구수축설을 의심하기 시작했다.

1895년 독일의 물리학자 뢴트겐(Wilhelm C. Röntgen)이 엑스선을 발견한 이후, 프랑스의 베크렐(A. Henri Becquerel)은 우라늄 광물에서도 엑스선 비슷한 선이 나온다는 사실을 알아냈다. 2년 뒤, 프랑스의 퀴리 부부는 우라늄 광물로부터 라듐을 추출하였는데, 그 복사가 매우 강했기 때문에 그러한 성질을 방사능(radioactivity)이라고 불렀다. 그 후, 어니스트 러더포드(Ernest Rutherford)와 버트럼 볼트우드(Bertram B. Boltwood)는 방사능원소의 붕괴과정에서 열이 발생한다는 사실을 알아냈다. 과학자들은 방사능 붕괴과정에서 열이 발생한다는 점이 중요하다는 사실을 곧바로 깨달았다. 왜냐하면 방사능 붕괴에 의하여 생긴 열이 지구 내부에 쌓이면, 이제까지 지구가 계속 식어왔다고 하는 지구수축설의 근본이 흔들리기 때문이다.

지구수축설의 대부였던 켈빈도 처음에는 방사능 때문에 고민하였다. 하지만 방사능도 원래 지구 속에 저장되어 있던 에너지가 방출되는 것이라고 믿고, 자신의 종전 주장에서 물러서지 않았다. 그러나 켈빈의 젊은 지구 나이에 대항하여 연구를 하고 있던 피서나 더턴에게 방사능은 엄청난 힘을 실어주었다. 나중에는 켈빈의 제자였던 조지 다윈마저도 지구의 나이가 늘어나는 것을 인정할 수밖에 없었다. 방사능 발견의 위력은 대단히 컸다. 그때까지 켈빈의 위세에 눌려 숨을 죽이고 있던 지질학자들은 그동안 물리학자들에게 빼앗겼던 지구 내부 연구 문제를 다시 찾아오기 위한 시동을 걸었다.

때맞춰 캐나다에서는 지질학자들에게 힘을 실어 주는 또 다른 연구 결과가 발표되었다. 맥길대학교(McGill University) 물리학과의 연구진은 원통형의 대리석에 힘을 가했을 때 높은 온도와 압력 아래에서는 암석이 부서지지 않고 휜다는 것을 실험으로 보여 주었다. 이 연구 결과는 이미 야외 관찰을 통해서 지하 깊은 곳에서는 단단한 암석도 휘거나 접힌다는 사실을 잘 알고 있었던 지질학자들에게 커다란 활력을 불어넣어 주었다. 이 고온고압실험은 지각 깊은 곳에서 일어나는 현상을 실험실 규모에서 보여 준 최초의 연구라는 점에서 무척 중요하다. 이제 사람들은 땅속에 들어가지 않고도 땅속의 모습을 볼 수 있는 방법을 찾은 것이다.

대부분의 세상사가 그러하듯이, 또 다른 분야의 연구자들도 땅속의 모습을 들여다 볼 수 있는 방법을 알아내기 시작하였다. 그것은 지진파를 이용하여 지구 내부를 꿰뚫어 볼 수 있는, 예전에는 상상도 할 수 없었던 새로운 방법이었다. 이 방법은 1906년 오랫동안 인도 지질조사소 소장을 역임했던 영국의 리처드 올드햄(Richard D. Oldham, 1858~1936)에 의하여 개발되었다. 지진이란 지구 내부에서 땅덩어리가 어긋날 때 일어나는 현상으로 땅을 어긋나게 했던 에너지가 사방팔방으로 퍼져나가면서 땅을 흔들어 놓기도 하고 찢기도 한다. 지진을 일으킨 에너지는 파동의 형태로 지구 내부 곳곳으로 퍼져나가는데, 마치 잔잔한 호수에 돌을 던졌을 때 생겨난 물결이 동심원을 그리며 사방으로 퍼져나가는 것과 같다.

지진이 일어나면 멀리 떨어져 있는 지진관측소에는 세 가지 다른 형태의 파동이 도달한다. 하나는 지표면을 따라 전파되는 표면파인데, 세 파동 중에서 가장 느리다. 표면파는 지표면을 마치 바다의 파도처럼 흔들기 때문에 많은 피해를 준다. 하지만 표면파는 지구 표면을 따라 전달되기 때문에 지구 내부를 연구하는 데 도움이 되지 않는다. 다른 두 개의 파동은 지구 내부를 통과하기 때문에 실체파라고 하며, 따라서 지구 내부의 특성을 알아내는데 도움을 준다. 그중 빠른 파동을 P파(primary: 속도가 빨라서 먼저 도착하기 때문에 P파라고 함) 또는 종파(입자의 움직임이 파동의 진행방향과 같으므로 종파라고 함)라고 하며, 이 파동은 기체, 액체, 고체를 모두 통과할 수 있다. 그리고 느린 파동은 S파(secondary) 또는 횡파(입자의 움직임이 파동의 진행방향에 수직으로 움직이므로 횡파라고 함)라고 하는데, 이 파동은 고체만 통과하고 기체나 액체는 통과하지 못한다.

그러므로 지진관측소의 지진계에 기록된 지진 자료를 분석하면, 그 파동이 지나온 지구 내부의 속도 분포를 알 수 있다. 일반적으로 밀도가 크면 속도가 빨라지므로 결국 지구 내부의 속도 분포를 아는 일은 지구 내부의 밀도 분포를 아는 것과 같게 된다. 올드햄이 논문을 발표한 지 3년이 지났을 때, 지진파 연구에서 획기적인 연구 결과가 유고슬라비아의 안드리야 모호로비치치(Andrija Mohorovičić, 1857~1936)에 의하여 이루어졌다. 1909년 10월 8일, 크로아티아에서 일어난 지진기록을 검토하고 있던 모호로비치치는 지진계에 두 쌍의 지진파가 도착한 사실을 알고, 그 이유를 밝히기 위한 연구를 시작하였다. 그래서 내린 결론은 먼저 도착한 한 쌍의 P파와 S파는 깊은 곳(밀도가 큰)을, 나중에 도착한 P파와 S파는 밀도가 낮은 얕은 부분을 지나왔기 때문이라고 해석하였다(그림 2-6). 지금 우리는 이처럼 밀도가 낮은 부분과 높은 부분의 경계를 발견자의 이름을 따서 모호로비치치 불연속면(또는 모호면)이라고 부르며, 불연속면의

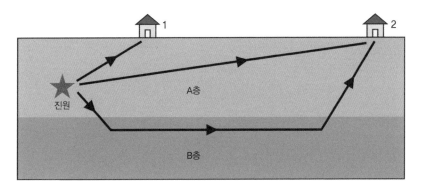

그림 2-6. 모호로비치치가 모호면을 알아낸 과정. 진원에서 가까운 지진관측소(1)에서는 한 쌍의 지진파가 관측되었지만, 먼 곳에 있던 지진관측소(2)에서는 두 쌍의 지진파가 기록되었다. 모호로비치치는 먼저 도착한 쌍의 지진파가 지하 깊은 곳의 지진파 속도가 빠른 지역(B층)을 통과해 왔다고 해석하였다. 모호면은 A층과 B층의 경계면이다.

윗부분을 지각(crust), 그리고 아랫부분을 맨틀(mantle)이라고 부른다.

한편, 올드햄은 전 지구적 규모에서 지진파를 연구하고 있었다. 지진이 발생한 곳(진원)에서 멀리 떨어진 관측소에 도착한 파동을 분석하던 올드햄은 P파나 S파의 속도가 예상보다 빨리 도착했음을 알았다. 속도가 빠르다는 사실은 지구 내부 깊은 곳의 밀도가 높다는 것을 의미한다. 게다가 진원으로부터 원주각이 130도를 넘는 곳에는 P파만 도착하고 S파는 기록되지 않았다. 이는 지구 중심에 S파를 통과시키지 않는 무언가 특이한 것이 있음을 의미한다. S파가 통과하지 않았다면, 적어도 지구 내부에 고체가 아닌 부분이 있다는 뜻이다. 이 연구에서 올드햄이 발견한 것은 지하 2,900킬로미터에 존재하는 맨틀과 핵의 경계였다(그림 2-7). 이 연구를 출발점으로 사람들은 지구를 3차원적으로 그려볼 수 있게 되었다.

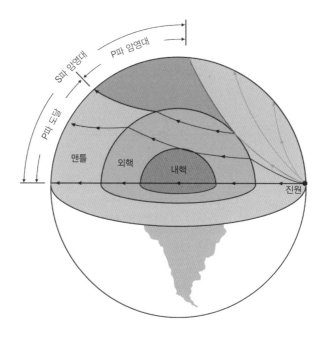

그림 2-7. 지구 내부를 지나는 지진파의 경로. S파 암영대의 존재에서 외핵의 깊이가 2,900킬로미터라는 사실을 알아냈다. '암영대'는 지진파가 기록되지 않은 구간을 의미한다.

위와 같은 연구가 알려지면서 지진이 지구 내부구조를 연구하는 데 중요하다는 사실을 학자들이 이해하기 시작했지만, 일반 사람들도 지진이 중요하다는 점을 깨닫게 한 사건은 1906년 4월 18일 미국 샌프란시스코를 강타한 규모 7.9의 지진이었다. 당시만 해도 지진은 지하 깊은 곳에서 일어난 폭발 때문이라고 주장하던 학자들이 있었는데, 울타리, 둑, 그리고 도로가 한순간에 6미터나 수평으로 이동한 모습에서 땅덩어리가 어긋나면서 지진이 일어난다는 사실을 이해하기란 어렵지 않았을 것이다.

미국 캘리포니아 주정부는 이 지진을 좀 더 명확히 알고 싶어 했다. 하지만, 그 당시 지진에 관한 문제를 누가 다루어야 할지 알 수 없었기 때문에 주정부에서는 네 명의 지질학자와 네 명의 천체물리학자로 구성된 특별위원회에 이 지진을 조사하도록 위촉하였다. 오늘날 관점에서 보면, 천체물리학자가 왜 그 위원회에 들어갔는지 이해하기 어렵다. 그 특별위원회에 임명된 사람 중에서 지진에 관한 연구 경험이 있던 사람은 그로브 길버트(Grove K. Gilbert, 1843~1918) 한 사람 밖에 없었다. 그처럼 기묘한 인적 구성에도 불구하고, 특별위원회는 2년여의 연구 끝에 지질학에서 물리학에 이르는 다양한 사항을 놀라울 정도로 훌륭하게 종합하여 두 권의 방대한 책으로 묶어냈다. 이 연구에서 샌프란시스코 지진이 산안드레아스(San Andreas) 단층(214쪽 참조) 때문에 일어났다는 사실을 밝혀냄으로써 산안드레아스를 지구상에서 가장 유명한 지명의 하나로 만들었다.

19세기에서 20세기로 넘어가는 시점에 등장했던 지각평형설, 알프스 산맥에서 밝혀진 식탁보처럼 접힌 지층, 방사능 붕괴로 인해 생겨나는 지구 내부의 열, 그리고 지진파에 관한 연구들이 속속 발표되면서 지구 내부가 모두 고체라고 주장했던 지구수축설의 위상은 점점 좁아졌다. 그렇다면 이제까지 지구수축설로 설명해 왔던 문제, 예를 들면 지역에 따른 생물 분포를 설명하기 위해 등장했던 육교는 어떻게 처리해야 할까? 과학계에서는 지구수축설을 대신할 무언가 새로운 이론이 필요했다. 그리고 실제로 그러한 움직임은 전혀 예상치 않은 곳에서 꿈틀거리고 있었다.

테일러의 미완성 대륙이동설

1908년 12월 미국 지질조사소 소속의 프랭크 테일러(Frank B. Taylor, 1860~1938)는 대륙이 조금씩 움직여 현재의 위치에 이르렀다는 생소한 내용의 논문을《미국 지질학회지》에 투고하였다. 테일러는 높은 산맥의 배열에 주목하였다. 그는 예전에 북반구와 남반구에 각각 커다란 대륙 (아틀란티스와 곤드와나 대륙)이 있었다는 쥐스의 주장을 받아들였다. 그런데 달이 지구에 포획된 이후 생겨난 조석력에 의하여 대륙들은 적도지방으로 몰리기 시작하였고, 그 결과 대륙의 가장자리가 접혀 알프스, 히말라야, 로키, 안데스 같은 높은 산맥이 만들어졌다는 내용이었다(Taylor, 1910).

테일러가 그러한 생각을 하게 된 배경은 두 가지 측면에서 찾아볼 수 있다. 하나는 테일러가 원래 빙하를 연구하던 학자라는 점이고, 다른 하나는 달이 지구에 붙잡힌 혜성이라는 견해를 받아들였기 때문이다. 빙하에는 갈라진 틈인 크레바스(crevasse)가 많으며, 빙하가 끝나는 곳에는 빙하가 싣고 온 모래와 자갈이 쌓여 높은 둔덕을 만든다. 테일러는 크레바스에 물이 찬 모습에서 바다를 그리고 빙하 끝자락에 있는 둔덕에서 산맥을 연상했던 듯하다.

프랭크 테일러는 1860년 미국 인디아나주 포트웨인(Fort Wayne)에서 부유한 변호사의 외아들로 태어났다. 테일러는 태어날 때부터 몸이 매우 허약했지만, 아버지의 노력으로 1882년 하버드대학교(Harvard University)

에 입학하여 지질학과 천문학을 공부하였다. 하지만 건강이 극도로 나빠지자 학업을 포기하고, 1886년 미국 중북부에 있는 오대호로 요양을 갔다. 그는 아버지가 딸려 보낸 주치의의 보호 아래, 미국 중부의 광활한 들판에서 건강을 찾기 위한 노력을 기울였다. 한편, 테일러는 하버드대학교에서 닦은 지질학 지식을 바탕으로 빙하가 남겨놓은 퇴적층인 빙퇴석과 빙하지형을 조사하기 시작하였다. 아들을 무척 사랑했던 그의 아버지는 아들의 연구를 적극 지원하였고, 책으로 발간하는 일도 도와주었다. 그 결과 테일러의 연구 내용은 사람들의 주목을 받기 시작했는데, 그래도 건강 때문에 학술활동에 적극적으로 참여할 수는 없었다. 그러나 홀로 고립되어 지내는 것이 전혀 나쁜 것만은 아니었다. 학자들은 그의 연구 결과를 신랄하게 비판하지 않았으며, 그 덕분에 비교적 자유롭게 자신의 생각을 펼쳐나갈 수 있었다.

그의 첫 논문은 행성의 형성 과정을 다룬 것으로 1898년 고향인 포트웨인의 작은 인쇄소에서 자비로 출판하였다. 테일러는 달이 원래 혜성이었다고 믿었다. 그러한 생각을 하게 된 배경에는 하버드대학교의 천문학수업에서 얻은 지식과 당시 막 등장한 체임벌린의 미행성설(55쪽 참조)에 영향을 받은 듯하다. 테일러는 혜성이 태양에 가까워지면, 그 인력에 붙잡혀 행성 중에서 가장 안쪽에 있는 수성 궤도를 차지한다고 생각하였다. 그 다음 또 새로운 혜성이 다가오면, 수성 자리를 돌고 있던 행성은 그 궤도를 새로운 혜성에게 물려주고 바깥쪽으로 밀려난다는 것이다. 테일러는 행성의 자리가 미리 정해져 있다고 믿었다. 그러므로 새로운 행성이 들어오면, 그에 따라 행성의 배열이 다시 조정된다고 생각했다. 19세기 말엽에 영국에서는 달이 지구로부터 떨어져 나갔다는 내용을 가지고 한창 논쟁하고 있던 시절이라는 점을 생각하면, 테일러가 얼마나 고립되어 생활하고 있었는지 알 수 있게 해 주는 대목이다. 그 무렵 테일러는 건강을 많이 회복하였고, 그래서 주치의를 내보내고 결혼도 하였다. 결혼이 테일러에게 행운을 가져다주었는지 모르지만, 1899년 테일러는 미국 지질조사소 빙하연구실의 특별연구원으로 임명되어 난생 처음 직업도 가지게 되었다.

비슷한 시기에 테일러는 행성형성이론과 함께 대륙이동의 문제도 생각하고 있었던 듯한데, 1903년에 발간된 논문에서는 행성형성이론만 다루었을 뿐 대륙이동에 관한 언급은 전혀 없었다. 아마도 쥐스를 흠모했던 테일러는《지구의 표면》마지막 권(1908년)이 발간되기를 기다리고 있었는지도 모른다. 그 속에 자신의 이론을 뒷받침할 수 있는 내용이 들어 있으리라는 기대 때문이었을 것이다. 쥐스의 책이 발간된 직후인 1908년 12월, 테일러는 대륙이동을 다룬 논문을《미국 지질학회지》에 투고하였다. 그 논문에서 테일러는 대륙이 적도지방으로 이동할 때 대륙 가운데는 아무런 영향을 받지 않고 오로지 가장자리에만 주름이 잡힌다는 점을 강조하였다. 그리고 대서양 양쪽 해안선은 나란할 뿐만 아니라 그 무렵 어렴풋이 모습을 드러내기 시작한 대서양 중앙해령도 해안선과 거의 나란하다는 점에서 예전에는 대서양 양쪽 대륙이 붙어 있었다고 기술하였다. 테일러는 대륙이 갈라진다는 사실을 더 뚜렷이 보여 주는 예로 그린란드와 캐나다 사이의 배핀만(Baffin Bay)을 들었다.

이러한 점에서 대륙이동설을 처음 주창한 학자로 다음에 소개할 베게너보다도 테일러를 꼽는 것이 더 옳아 보인다. 하지만 학계에서 그렇게 다루지 않는 것은 아마도 테일러가 정통 과학계에 속해 있지 않았기 때문일 것이다. 게다가 테일러는 대륙이동을 단순히 빙하의 움직임처럼 다루었고, 지구 내부와 연결시키지 못했다. 그는 지구 속을 요지부동의 모습으로 그렸고, 대륙 이동은 단지 겉 부분에서만 일어나는 현상으로 다루었다. 달이 지구에 포획된 시기를 백악기(약 1억 년 전)로 보았고, 그 후 지구의 자전이 빨라지면서 대륙이 이동했다는 논리를 전개하였다. 그런데 이상하게도 그의 파격적인 주장에 민감한 반응을 보인 학자들은 거의 없었다. 거의 같은 시기에 영국에서는 정반대로 달이 지구로부터 떨어져 나갔다는 이론이 주목을 받고 있었기 때문이리라……. 테일러의 이론은 비난을 받거나 놀림거리의 대상도 아니었다. 그저 무시되었다.

그 무렵 미국 지질학의 이단아 프랭크 테일러가 가지고 놀던 공(대륙이동)은 엉뚱한 곳으로 튀어 독일의 젊은 기상학자 알프레드 베게너에게로 넘어가고 있었다.

3장　베게너와 움직이는 대륙

1910~1945

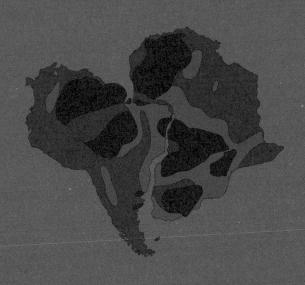

지질학은 시간을 다룬다는 점에서 다른 자연과학과 구별된다. 지질학의 특성 중 하나는 다양한 생각을 허용한다는 것이다. 지질학은 관찰한 사실을 바탕으로 과학적 논리를 전개해 나가는 학문이기 때문에 연구자의 능력이나 배경에 따라 다양한 답이 나올 수 있다. 수학이나 물리학처럼 답이 하나인 경우가 드물다. 사실 답(또는 참)은 하나이겠지만, 우리가 가지고 있는 지식의 한계 때문에 다양한 답을 인정할 수밖에 없다는 뜻이다. 과학을 하는 일은 참을 '알아내는' 행위지만, 현재 우리의 과학적 활동은 참에 '접근해 가는' 과정이라고 말할 수 있다. 지금부터 과학의 역사에서 가장 훌륭한 이론 중 하나(대륙이동설)가 학계로부터 외면당한 후, 먼 훗날 화려하게 부활하는 모습을 이야기하려고 한다. 이 책을 끝까지 읽고 나면 마치 한 편의 멋진 드라마를 본 느낌이길 기대하며……

대륙이 움직인다?

1912년 1월 6일, 독일 프랑크푸르트에서 열린 독일 지질학회에서 알프레드 베게너(Alfred L. Wegener, 1880~1930)라는 서른한 살의 젊은 학자가 〈지각의 일반적 구성〉이라는 논문을 발표하였다. 베게너는 마르부르크대학교의 기상학 강사였기 때문에 그가 발표한 내용은 전공과 거리가 먼 주제였다.

베게너는 먼저 지구 표면이 높낮이가 다른 두 부분으로 뚜렷이 구분된다는 사실에서 출발하였다. 하나는 해발 0미터에 해당하는 면이고, 다른하나는 수심 5,000미터인 면이다. 이러한 차이는 대륙지각과 해양지각이원래 다른 물질로 이루어졌기 때문이라고 언급했다. 좀 더 자세히 설명하면, 대륙지각은 가벼운 시알(sial)층으로 이루어져 시마(sima)라고 부르는 무거운 층 위에 떠 있는 상태인 반면, 해양지각은 시마로만 이루어진다는 설명이었다. 현재 대서양 양쪽 대륙의 해안선이 나란한 이유는 중생대 때 한 덩어리를 이루고 있던 커다란 대륙이 갈라졌기 때문인데, 그증거로 두 대륙을 붙여 보면 산맥이나 고생대 빙하퇴적층의 분포가 잘이어질 뿐만 아니라 같은 종류의 화석이 아프리카와 남아메리카 대륙에서 발견된다는 점을 들었다. 그리고 발표 마지막에 대륙 이동을 증명하기 위해서는 두 대륙 사이의 거리를 정기적으로 측정하면 될 것이라고제안하였다. 이 논문은 파격적인 내용을 많이 포함했지만, 이에 대한 지질학자들의 반응은 냉담했다.

나흘 뒤, 베게너는 마르부르크에서 〈대륙의 수평이동〉이라는 도전적인 제목으로 대중 강연을 하였다. 지질학자들 앞에서는 말하기 어려웠던내용을 일반인들에게는 좀 더 과감하게 발표해도 된다고 생각했기 때문이었다. 이 발표 직후 그는 그린란드 탐험을 떠났기 때문에 자신의 이론을 전파하는 일은 잠시 접어두어야 했지만, 그는 생을 마칠 때까지 이때 가지고 있던 생각에서 크게 벗어나지 않았다. 이렇게 탄생한 베게너의 대륙이동설은 20세기 전반의 과학계를 엄청난 논쟁의 소용돌이 속으로 몰아가게 된다. 하지만 그가 살아 있을 당시 대륙이동설은 학계에서 인정을 받지 못했다.

젊은 시절의 베게너

알프레드 베게너는 1880년 11월 1일 베를린에서 목사의 막내아들로 태어났다. 어렸을 적에 베게너가 꿈꾸었던 것은 그린란드 탐험이었다. 그린란드는 당시 북극으로 가는 통로로 알려졌었기 때문에 그린란드 탐험은 용감한 어린이들에게 삶의 좋은 목표였다. 베게너는 그 목표를 이루기 위해서 학창시절부터 혹한의 기후에 견딜 수 있는 체력을 키우기 시작했다. 그래서 험준한 산악훈련이나 스케이팅, 스키여행에도 적극적으로 참여했다.

베게너는 대학에서 천문학을 전공으로 선택했다. 그 이유는 바로 위에 형인 쿠르트 베게너(Kurt Wegener)가 기상학을 전공했기 때문인데, 아마도 형제가 같은 전공에서 일하는 것을 피하기 위함이었던 듯하다. 그가 베를린대학교에서 박사학위를 받은 것은 1905년의 일이었으며, 박사학위 주제는 '알폰소 표(Alfonsin tables)'였다(그림 3-1). 알폰소 표란 스페인의 옛

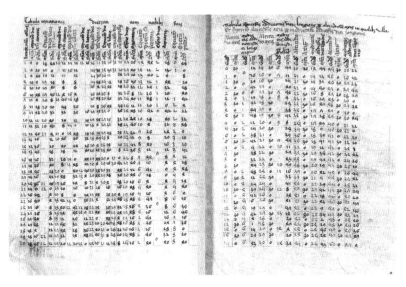

그림 3-1. 알폰소 표.

왕국 중 하나인 카스티야(Castile)의 알폰소 10세 명령으로 작성된 행성의 움직임을 나타내는 표로 현재 우리가 쓰고 있는 달력의 기초가 되었다. 베게너는 논문에서 알폰소 표의 역사와 그 의미를 다루었고, 그 결과를 학술지에 발표하여 좋은 평가를 받았다. 하지만 이 논문은 베게너가 천문학에 관해 발표한 처음이자 마지막 논문이 되었는데, 그가 기상학에 더 많은 관심을 가졌기 때문이다. 형인 쿠르트와 다른 길을 가려던 원래의 의도는 실패한 셈이었다.

20세기 초는 기상학이 새로운 과학 분야로 각광을 받기 시작한 때였다. 성층권이 막 발견되어 학자들은 성층권에 관한 연구에 한창 열을 올리고 있었다. 베게너가 졸업 후 처음 취직한 곳은 린덴베르크에 있는 대기관측소로 상층 대기의 움직임을 연구하는 일을 맡았다. 그러한 연구를 하기 위해서는 연이나 풍선을 사용해야 했는데, 베게너는 풍선을 이용한 기류 관측법을 개척하는 임무를 맡았다. 풍선을 타고 올라가 상층 대기를 관측하는 일이었는데, 과학을 하는 즐거움을 주는 것과 동시에 모험을 좋아하는 그의 취미와도 잘 들어맞았다.

1906년 봄에는 형 쿠르트와 함께 열기구 풍선을 타고 베를린을 이륙하여 북쪽으로 간 다음, 서쪽 바다로 나갔다가 다시 남쪽으로 방향을 틀어 프랑크푸르트에 착륙하는 모험을 하였다. 체공 시간이 무려 52시간 30분으로 당시 세계 기록을 17시간이나 늘렸다. 낮에는 5,000미터 상공까지 올라갔다가 밤에는 추위를 피해 고도 3,700미터 지점으로 내려와 지냈다. 베게너는 기구를 타고 하늘을 오르내리는 일을 무척 즐거워했다고 한다. 밤에는 천체를 관측하고, 낮에는 기상을 관측할 수 있었으므로 잠깐 사이에 천문학에서 기상학으로, 그리고 다시 기상학에서 천문학으로 옮기는 흔치않은 경험을 했던 것이다.

1906년, 베게너는 드디어 어렸을 적부터 꿈꾸었던 목표에 한 발자국 다가갔다. 덴마크 정부로부터 그린란드 탐험대의 기상학자로 참여해 달라는 요청을 받은 것이다. 탐험대의 임무는 북위 77도 지점에서 그린란드 상공의 기상을 관측하는 일이었다. 당시 유럽의 기후는 북아메리카에서의 기상상태에 따라 좌우되는 것으로 알려졌는데, 특히 그린란드를 통과한 대기의 흐름이 중요하다고 생각했었다. 베게너는 빙하로 덮인 그린란드에서 2년을 지내면서 기상관측이나 천문관측뿐만 아니라 빙하의 움직임도 관찰하였다. 그는 일기에 "탐험대는 자연의 혹독함에 도전하는 인류의 첨병이며, 탐험은 모진 눈보라와 과학의 싸움"이라고 기록했다. 탐험대는 그린란드의 해안선을 측량하였고, 정확한 위도와 경도를 측정하기 위해서 천체 관측도 병행하였다. 베게너는 나중에 탐사보고서를 작성하는 과정에서 위도와 경도가 예전에 측정한 값과 다르다는 사실을 알게 되었는데, 아마 이 경험이 대륙이동을 생각토록 한 계기가 되었을지도 모른다. 1908년 봄, 그린란드에서 돌아온 베게너는 마르부르크대학교에서 학생들을 가르치는 일을 시작하였다.

대륙이동설의 탄생

베게너의 경력으로 보았을 때, 그가 지질학과 관련이 없다는 것은 분명하다. 그런데 어떻게 대륙이동이라는 문제에 빠져들게 되었을까? 믿기 어렵지만 어떤 사람은 베게너가 빙하의 움직임을 관찰하면서 영감을 얻었을 것이라고 말하고, 또 그의 친구 중에는 대학시절에도 그러한 이야기를 자주 했다고 전하기도 한다. 그가 대륙 이동의 문제를 본격적으로 생각하기 시작한 것은 1910년 무렵이었다. 그 배경은 남아메리카와 아프리카에서 같은 종류의 화석이 발견되는 이유가 대서양을 가로지르는 육교를 따라 생물이 이동하였기 때문이라는 논문을 읽은 후였다.

1910년 가을, 마르부르크대학교 도서관에서 학술지를 뒤적거리며 시간을 보내고 있던 베게너는 헤르만 폰 이에링(Hermann von Ihering, 1850~1930)이 쓴 논문을 읽게 되었다. 논문에서는 브라질과 아프리카를 연결하는 육교의 위치가 제시되었는데, 육교의 증거로 두 지역에서 함께 발견된 화석을 예로 들었다. 대서양 양쪽에 있는 대륙이 육교로 연결되었다는 이야기는 새로운 내용이 아니었지만, 같은 종의 화석이 발견되었다는 점이 베게너의 관심을 끌었다. 그는 이와 관련된 지질과 화석 자료를 조사하기 시작했고, 식물화석인 글로소프테리스나 파충류 메소사우루스 외에도 많은 동, 식물 화석들이 두 대륙에서 살았다는 기록들을 찾게 되었다. 이 문제를 육교로 풀기보다는 예전에는 이 대륙들이 한 덩어리를 이루고 있다가 분리되었다고 생각하는 것이 더 좋아보였다. 베게너는 그 생각을 직관적으로 했으며, 거의 틀리지 않을 거라는 확신이 있었다고 회고하였다.

1912년 베게너가 대륙이동에 관한 논문을 발표했을 때, 대부분 사람들은 그 이론을 신통찮게 받아들이거나 반대 의견을 표했다. 하지만 한 사람의 든든한 지지자가 있었는데, 그 사람은 당시 독일 기상학의 대부로 학계의 존경을 받고 있던 블라디미르 쾨펜(Wladimir Köppen, 1846~1940)이다. 함부르크에 있는 독일 해양연구소의 기상연구실장이었고, 후에 베게너의 장인이 되었다. 쾨펜도 처음에는 대륙이동의 가능성을 믿지 않아 그러한 공상에 매달렸다가는 과학자로 성공하기 어려울 것이라고 충고하였다. 하지만 나중에는 베게너의 이론에 동조하였을 뿐만 아니라, 그 내용을 보완하는 데도 많은 도움을 주었다. 쾨펜은 기상학자였지만 지질학이나 지구물리학에도 해박한 지식을 가지고 있었고, 사실 베게너가 짧은 기간에 지질학 지식을 빠르게 습득할 수 있었던 것은 쾨펜의 도움 덕분이었다.

쾨펜은 식물이 날씨에 매우 민감하다는 사실을 잘 알고 있었다. 그는 식물의 분포와 날씨의 온갖 요소(바람, 태양, 비, 눈, 온도 등)를 동원하여 기후라는 개념을 과학적으로 제시한 최초의 학자였다. 현재 우리가 쓰고 있는 열대, 온대, 한대라는 기후대 구분은 바로 쾨펜이 창안해 낸 개념이다. 쾨펜과 베게너는 식물분포로부터 과거의 기후대를 유추할 수도 있겠다는 생각을 바탕으로 지질학적 증거들을 수집하기 시작하였는데, 이는 과거 기후대 분포로부터 대륙이동을 확인할 수 있을 것이라는 생각에서였다. 그 노력은《선사시대의 기후》라는 저서(Köppen and Wegener, 1924)로 결실을 보았고, 덕분에 두 사람은 지금 고기후학(paleoclimatology)의 창시자로 인정받고 있다.

1912년 초 학회에서 논문을 발표한 후, 베게너는 대륙이동에 관한 문제를 잠시 접어 두어야 했는데, 그 이유는 그 해 봄에 출발하는 두 번째 그린란드 탐험에 참여해야 했기 때문이었다. 이 탐험대는 그린란드 빙하 위를 걸어 1,200킬로미터를 주파하는 새로운 기록을 세웠다. 1913년, 귀국한 직후 베게너는 쾨펜의 딸 엘제(Else)와 결혼하였고, 얼마 지나지 않아 제1차 세계대전이 일어나 독일 육군에 징집되었다. 베게너는 벨기에에서 프랑스 칼레(Calais) 지방으로 진격하는 부대에 배치되었는데, 그 전쟁은 매우 격렬하여 4주 만에 무려 10만 명이 넘는 독일군이 목숨을 잃었다. 이 전쟁에 참전했던 베게너도 팔에 관통상을 입었고 치료를 받은 후 곧바로 군에 복귀하였지만, 2주 후에 또다시 총알이 목 부근을 지나가는 큰 부상을 입었다. 그러나 이번에도 운 좋게 목숨을 건졌고, 덕분에 육군 기상대로 옮겨 연구 활동을 이어갈 수 있었다.

원래 평화주의자였던 베게너는 전쟁을 겪고 난 후에는 전쟁을 더욱 싫어하게 되었으며, 쾨펜을 통하여 일원론(monism)주의자들과 친교를 맺기 시작하였다. 일원론주의자들은 과학을 통하여 사회를 행복하고 효율적으로 만드는 데 기여해야 한다고 생각했던 집단이었다. 당시 민족주의와 군국주의가 팽배했던 독일의 사회적 분위기 속에서 베게너는 전쟁의 악몽을 떨쳐버리고 싶었을지도 모른다. 1915년에 출간된 저서 《대륙과 해양의 기원(*Die Entstehung der Kontinente und Ozeane*)》(Wegener, 1915)은 바로 그러한 베게너의 마음을 담았다고 평가할 수 있다. 그는 이 책에서 지구과학의 다양한 연구 내용을 종합하여 새로운 지구 이론인 대륙이동설을 제안하였다. 그러나 1915년이 새로운 학설을 발표하기에 적절한 시기는 아니었다. 세상은 온통 제1차 세계대전의 소용돌이 속에 혼란스러웠으며, 발행부수가 적어 널리 읽히지도 않았다. 물론, 그 후 세 번에 걸친 개정을 통하여 베게너의 이론은 더욱 충실해졌고, 여러 나라의 언어로 번역되면서 세상의 주목을 받게 된다.

대륙이동의 증거들

베게너가 과학자로서 돋보이는 점은 자연현상을 폭넓게 생각했고, 항상 자신의 가설을 검증하려는 진지한 자세라고 말할 수 있다. 대부분의 과학자들은 자신의 연구 분야에만 매달릴 뿐 인접 분야에서 어떠한 일이 벌어지고 있는지 별다른 관심을 보이지 않는 경향이 있다. 그런데 베게너는 자신의 전문분야인 기상학뿐만 아니라 지질학, 고생물학, 지구물리학 등 가능한 모든 지식을 동원하여 자신의 가설을 보완해 나갔다. 이러한 베게너의 연구 자세는 오늘날의 과학자들도 본받아야 한다고 생각한다. 과학자란 자신의 분야만이 최고라는 어쭙잖은 생각에서 벗어나 과학의 다양한 분야들이 나름대로의 중요한 가치를 지닌다는 점을 인식하고, 인접 분야에서는 어떤 연구들이 진행 중인지 관심을 가지고 들여다보는 자세를 가져야 한다. 그러한 태도는 자신의 지식을 늘리는 데도 도움이 되지만, 새로운 사고를 할 수 있는 바탕이 되기 때문이다.

베게너는 지구수축설에 의하여 지구의 지형적 특징을 설명하기 어렵다는 점을 잘 알고 있었다. 그는 지구수축설을 단순히 묵살한 것이 아니라, 지각불변론과 단순수축론의 장단점을 적절하게 이용하였다. 지각불변론에서는 지각평형 개념을 받아들여 대륙은 항상 대륙이었다는 사실을, 단순수축론에서는 생물분포의 특징을 설명하기 위해서는 큰 규모의 대륙들이 연결되어야 한다는 점을 택하였다. 베게너는 새로운 지구 이론의 증거가 되는 자료를 다른 사람들의 연구 결과로부터 수집하였다. 당

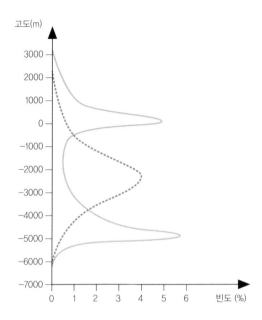

그림 3-2. 베게너는 지표면의 고도 분포를 조사하여 가장 빈도수가 높은 2개의 고도면이 있음을 알아냈다. 파란 실선으로 표현된 고도 분포곡선에서 하나는 해발 0미터에 해당하는 면이고, 다른 하나는 수심 약 5,000미터에 해당하는 면이었다. 빨강 점선은 지표면의 고도가 무작위적으로 분포한다고 가정했을 때 그려진 곡선이다.

시 유럽에서는 이러한 연구 방식이 보편적으로 행해지고 있었는데, 유럽식 연구 방식을 영국이나 미국 학자들은 좋지 않게 생각했다. 왜냐하면 모든 자료를 문헌에 의존할 경우 연구자는 필요에 따라 자기에게 유리한 증거는 택하지만, 그렇지 않은 자료는 버릴 가능성이 크다고 생각했기 때문이다.

베게너의《대륙과 해양의 기원》에서는 탁월한 분석력을 엿볼 수 있다. 베게너는 지구 표면을 높낮이에 따라 분석하여 뚜렷하게 구분되는 2개의 면이 있음을 찾아냈다(그림 3-2). 하나는 표고 0미터에 해당하는 평균 해수준면이고, 다른 하나는 수심 약 5,000미터에 있는 평균 심해저면이었다. 이 간단한 분석으로부터 지각은 적어도 2개의 성질이 다른 물질로 이루어져야 한다는 결론을 끌어냈다. 하나는 가벼운 물질로 이루어지고 다른 하나는 좀 더 무거워야 하는데, 이는 가벼우면 뜨고 무거우면 가라앉기 때문이라고 설명했다. 이 내용을 정리하면, 주로 가벼운 화강암으로 이루어진 대륙지각은 해수준면(해발 0미터)에 몰려 있고, 반면에 현무암처럼 무거운 암석으로 이루어진 해양지각은 가라앉아 심해저면(수심 5,000미터)을 차지한다는 뜻이다. 이 얼마나 논리적인 설명인가! 이 내용을 듣고 나면 왜 이처럼 간단한 내용을 다른 사람들이 일찍이 알아채지 못했을까 궁금해지기까지 한다.

베게너는 이 지형의 특징을 지각평형의 개념과 연결시켰고, 나아가 대륙의 수평이동도 가능하다는 논리로 확장하였다. 당시 스칸디나비아 반도는 100년에 1미터씩 땅덩어리가 솟아오르는 것으로 알려져 있었다. 이는 밑에서 올라오는 어떤 흐름이 있다는 뜻이며, 바꾸어 말하면 지각 아래에 유동성이 있는 물질이 존재함을 의미했다. 따라서 대륙의 수직 움직임뿐만 아니라 수평이동도 가능하며, 대륙을 수평으로 이동시킬 수 있을 정도로 큰 힘이라면 그 힘에 의하여 지층이 복잡하게 접히는 일도 가능하다고 주장하였다.

베게너는 예전에 두 대륙이 붙어 있었을 당시의 모습을 복원할 때, 단순히 해안선을 따라 연결할 것이 아니라 대륙붕의 끝자락을 연결하는 것이 더 타당하다고 생각했다. 여기에서 우리는 다시 한 번 베게너의 남다른 직관력을 찾아볼 수 있다. 만약 대륙이 갈라졌다면, 갈라진 가장자

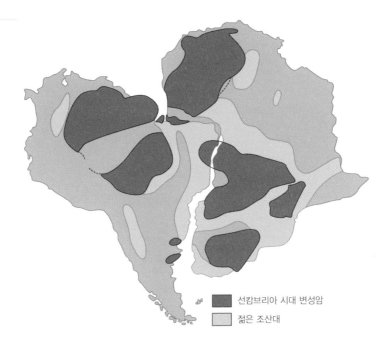

그림 3-3. 남아메리카 대륙과 아프리카 대륙을 붙이면 지질학적 특징들이 잘 연결되는 모습을 보여준다.

리는 현재의 해안선보다는 바다 속 어딘가에 있을 가능성이 크기 때문이다. 그 다음에는 두 대륙을 붙인 다음 여러 가지 지질학적 특징을 그려 넣었는데, 그들이 잘 연결되는 결과를 보고 자신도 놀랐다고 한다. 예를 들면, 브라질의 편마암 대지와 아프리카의 편마암 대지, 남아프리카의 케이프 산맥과 아르헨티나의 산맥, 브라질과 남아프리카의 다이아몬드 광산 등이 그것이다(그림 3-3). 북반구에서도 미국 북동부의 탄전지역은 유럽의 탄전지역과 북아메리카의 애팔래치아 산맥, 유럽의 칼레도니아 산맥도 잘 연결되는 것처럼 보였다.

베게너는 이처럼 두 대륙 사이의 지질학적 특징들이 잘 연결된다는 사실이 중요하다는 점을 부각시켰다. 신문지를 찢었다가 다시 붙였을 때 찢어진 조각들이 제대로 맞추어졌는지 확인하려면 신문지의 글씨까지 읽을 수 있어야 한다는 예를 들면서, 자신이 복원한 초대륙에서 잘 이어지는 여러 가지 지질학적 특징은 찢어진 신문지의 활자와 같은 역할을 한다고 주장하였다. 베게너는 자신의 이론이 틀릴 확률은 100만분의 1보다 낮다고 확신하였다.

나아가서 그는 현생 생물이나 화석 생물의 자료를 가리지 않고 모두 모았다. 특히 육교를 따라 이동하기 어려워 보이는 생물의 예를 수집하는데 힘을 쏟았는데, 북아메리카와 유럽에 사는 같은 종류의 달팽이나 지렁이, 그리고 민물고기(농어 종류)가 좋은 예이다. 브라질과 아프리카에서만 발견되는 페름기의 파충류인 메소사우루스(Mesosaurus)는 해변에서 살았던 종류였다. 이에 덧붙여 베게너는 육교가 가라앉는 것은 지각평형의 관점에서 불가능하다고 주장하면서, 우리가 생각할 수 있는 결론은 하나밖에 없음을 강조하였다. 즉, 두 지역은 예전에는 한 덩어리로 붙어 있었지만, 지금은 갈라져 다른 대륙을 이루었다는 설명이다. 베게너의 이러한 주장에도 불구하고, 당시 고생물학자들은 지각평형 이론이 고생물학과는 아무런 관계가 없다고 생각했으며, 이후에도 두 대륙 화석 자료의 유사성을 해석하는 데 육교를 고집하였다.

베게너는 고생물학자들의 이러한 태도를 못마땅해 했으며, 그들이 다른 학문분야와의 교류에 동참하지 않는다고 불평하였다. 나는 이러한 지적이 지금 우리에게도 그대로 적용되고 있다고 생각한다. 아직도 많은 과학자들이 자신의 울타리 안에 은둔하여 자신의 문제에만 집착하는 경향이 있기 때문이다. 이처럼 베게너가 자신의 영역 밖의 문제에도 진지한 자세를 가지고 접근하게 된 배경을 그의 성장과정에서 찾아볼 수 있다. 그는 원래 대학에서 천문학을 전공하였지만, 곧바로 관심을 기상학 분야로 옮겼으며, 우연히 대륙이동에 관한 문제에 빠진 후에는 한동안 그 문제에 매달렸다. 이처럼 자신이 흥미를 느끼는 주제에 대하여 꼬리에 꼬리를 무는 방식으로 문제를 풀어가는 과정에서 베게너의 사고의 폭이 넓어진 것으로 보인다.

베게너가 대륙이동을 주장하기 위해서 등장시켰던 증거 중에서 가장 독창적인 내용은 역시 고기후를 이용한 해석이었다. 쾨펜과 함께 고기후 자료를 모으던 베게너는 자신의 생각처럼 대륙이 이동했다면, 과거 대륙의 위치가 현재와 달랐을 것이기 때문에 암석에 고기후 요소가 남아 있을 것이라고 추정하였다.

현재 북대서양 북위 80도 부근에 있는 스피츠베르겐 섬의 고신기층(약 5000만 년 전)에서 포플러, 너도밤나무, 떡갈나무, 느릅나무 등 아열대성 식물화석이 발견되었을 때, 이것을 어떻게 설명해야 할까? 베게너에게는 예전에는 스피츠베르겐 섬의 기후가 열대였다가 온대로, 그리고 지금의 한대기후로 바뀌었다고 생각하는 것보다는 예전에 열대지방에 있던 대륙이 점점 북쪽으로 올라와 온대지방을 거쳐 한대지역에 이르렀다고 해석하는 것이 훨씬 자연스러워 보였다. 그리고 남반구의 여러 대륙(남아메리카, 아프리카, 오스트레일리아, 인도 등)에서 고생대의 빙하퇴적층이 발견되었는데, 이것은 또 어떻게 설명할 수 있을까? 예전에는 빙하가 지구 전체를 덮었을까? 하지만 그렇게 생각할 수 없었던 이유는 같은 시기에 북아메리카와 유럽, 그리고 아시아의 중위도 지방에는 열대지역에서 형성된 석탄층이 넓게 분포했기 때문이었다.

베게너가 생각한 고기후 증거를 요약하면 다음과 같다. 오늘날 빙하퇴적물은 위도 60도 이상의 고위도 지방에만 분포함으로 옛날 빙하퇴적층도 극지방에서 쌓였다고 말할 수 있다. 울창한 수풀은 주로 열대지방에 분포하므로 두꺼운 석탄층은 옛날 적도지방에 있었던 울창한 수풀을 의미한다. 그리고 사막은 현재 위도 20~30도의 아열대 지방에 몰려 있으므로 암석 중에 건조한 기후에서 형성되는 암염(소금)이나 석고, 두꺼운 사구층(사막의 모래언덕에서 쌓인 암석)이 발견되면 그 암석은 형성 당시 중위도의 아열대 지역을 지시한다.

베게너는 이 모든 자료를 효과적으로 설명하기 위해서는 지구상의 모든 대륙이 하나의 초대륙을 이루고 있어야 한다고 생각하였다. 그래서 1922년 발간된《대륙과 해양의 기원》제3판에서 이 초대륙에 '모든 대륙'이라는 어원을 가지는 판게아(Pangea)라는 이름을 붙였다. 베게너는 이 부분을 기술하면서 은연 중 그린란드에서 겪은 자신의 경험담을 담았다.

"남아메리카와 아프리카는 원래 한 덩어리였으나 갈라져 점점 멀어졌다. 마치 물 위에 떠 있던 얼음이 갈라져 멀어져 가는 것처럼……. 두 대륙의 가장자리를 연결하면 지금도 잘 들어맞는다. 마찬가지로 북아메리카와 유럽 대륙도 붙어 있었는데 그 사이에 그린란드가 끼어 있는 양상이며, 남극대륙, 오스트레일리아, 인도도 아프리카 남쪽에 붙어서 하나의 커다란 대륙 판게아를 이루었다."

베게너는 고생대 암석에 기록된 기후적 요소를 그가 복원한 판게아 대륙에 표시한 후, 당시의 적도와 극 위치를 그려 넣었다. 현재 중위도 지역인 북아메리카, 북유럽, 중국의 대규모 탄전지역을 고생대의 적도지방으로, 빙하퇴적층이 넓게 분포하는 남아메리카, 남아프리카, 인도, 오스트레일리아 지역을 극지방으로, 그리고 그 사이에 두꺼운 암염층이나 사구층이 분포하는 지역을 아열대지방으로 그렸다. 그리고 이 초대륙은 약 2억 년 전 갈라지기 시작하여 현재의 모습을 이루었다는 시나리오를 완성하였다.

베게너는 직관적으로 대륙이동에 대한 확고한 믿음을 가지고 있었지만, 사람들을 설득시키기 위해서는 대륙이 이동하는 메커니즘을 제시할 수 있어야 한다고 생각하였다. 오랜 궁리 끝에 베게너는 두 가지의 가능한 힘을 찾아냈다. 하나는 지구의 자전 때문에 극지방에 있던 대륙들이 적도지방으로 몰리는 힘이었고, 다른 하나는 달과 태양에 의한 조석력이었다.

극지방에서 적도를 향해 미는 힘은 매우 미약하지만 오랫동안 같은 방

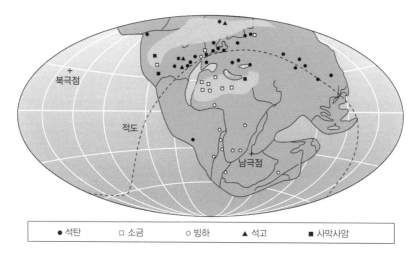

북극점

적도

남극점

● 석탄   □ 소금   ○ 빙하   ▲ 석고   ■ 사막사암

그림 3-4. 베게너가 판게아 대륙 위에 그린 석탄기 고기후 특성 분포.

향으로 작용하면 대륙을 움직일 수 있을 것이라고 추정하였다. 대륙이 서쪽으로 밀린다는 생각은 베게너가 그린란드를 탐험할 때 측정했던 경도값과 19세기의 탐험대가 측정한 값을 비교한 결과 37년 동안에 그린란드와 유럽대륙이 1,190미터 멀어졌다는 계산에서 얻은 듯하다. 대륙이 1년에 30미터 이상 이동하는 엄청나게 빠른 속도인데, 이는 물론 측정의 부정확성 때문이었다(현재 측정 자료에 의하면, 1년에 약 3센티미터씩 멀어지고 있다.). 하지만 베게너 자신도 대륙을 이동시킬 수 있는 메커니즘에 대한 확신은 없었던 듯하다.

"대륙을 이동시키는 힘을 완벽하게 밝혀내기 위해서는 아마도 더 많은 연구가 필요할 것 같다. 왜냐하면, 이 문제는 너무 여러 가지 현상이 복잡하게 얽혀 있어서 무엇이 원인이고 무엇이 결과인지 알 수 없기 때문이다. 그렇지만, 대륙을 이동케 하는 힘과 산을 형성시킨 힘이 같다는 것은 확실하다. 그러므로 대륙이동은 단층, 지진, 화산 등 자연현상과 밀접하게 연결되어 있어야 한다."

논문에 수록된 이 짧은 문장에서 우리는 베게너의 과학자로서의 예지와 통찰력을 볼 수 있다. 그는 자연에서 일어나는 현상을 정확히 꿰뚫어 보고 있었던 것이다.

유럽에서의 반응

제1차 세계대전이 끝난 직후인 1919년, 독일의 혼란스러운 사회에서 베게너는 운 좋게도 그의 장인인 쾨펜의 자리(독일 해양연구소 기상연구실장)를 물려받아 정신적·경제적으로 안정을 찾게 되었다. 그 무렵《대륙과 해양의 기원》제2판(Wegener, 1919)이 발간되었는데, 제1판과 제2판은 모두 독일어로 발간되었기 때문에 그 내용이 독일 밖으로는 거의 알려지지 않았다. 독일과 오스트리아 내에서도 베게너의 대륙이동설에 대하여 큰 관심을 보이지 않았으며, 어떤 학자들은 이론 자체에 문제점이 많기 때문에 앞으로 많은 검증을 거쳐야 할 것이라는 평가를 내리기도 하였다. 다행이 1922년에 개최된 국제 지질학회에서 베게너의 이론이 간접적으로나마 소개되었고, 또 같은 해에《대륙과 해양의 기원》제3판이 영어, 프랑스어, 스페인어, 러시아어 등 여러 나라 언어로 번역되면서 대륙이동설은 널리 퍼져나갔다.

1922년 8월, 제13차 국제 지질학회가 벨기에의 브뤼셀에서 열렸다. 전쟁이 끝난 지 얼마 지나지 않아 독일에 대한 적개심이 아직 사라지지 않았던 시절이었기 때문에 독일학자들은 회의에 초청받지 못했다. 베게너가 대륙이동설을 직접 발표할 기회는 없었지만, 스위스의 한 학자가 알프스의 지질구조를 발표하면서 대륙이동설을 소개하여 주목을 받았다. 그 사람은 스위스 뇌샤텔(Neuchâtel) 지질연구소의 에밀 아르강(Émile Argand, 1879~1940)이었다.

아르강은 어려서부터 산을 좋아했다. 그래서 아들이 건축가가 되기를 원했던 아버지나 의사가 되기를 바랐던 어머니의 뜻을 거스르고 지질학자의 길을 택하였다. 어려서 건축가로 훈련을 받은 덕분에 그는 스위스의 산들을 건축가의 눈으로 볼 수 있는 능력을 가지게 되었다. 자신만의 독특한 능력을 살려 알프스 산맥의 복잡한 구조를 놀라울 정도로 정교하게 그려냈다. 그는 열심히 연구하는 사람이었고, 기억력도 뛰어나 야외에서 본 내용들을 지도에 자세히 기록하였다. 냅(nappe)의 의미를 처음으로 알아낸 사람은 베르트랑이었지만(75쪽 참조), 알프스 산맥의 전체적인 구조를 그려낸 사람은 아르강이라고 말할 수 있다.

젊었을 때, 쥐스의 영향을 받은 아르강은 지구수축설을 받아들여 암석을 연구하였다. 1915년 베게너의 《대륙과 해양의 기원》을 읽은 후에는 대륙이동설이 알프스 산맥의 형성 과정을 설명하기에 더 적절하다는 점을 깨달았다. 그래서 1916년 뇌샤텔 자연과학협회 학술회의에서 아르강은 대륙이동설을 소개하였는데, 이는 당시로서는 매우 파격적인 일이었다. 아르강이 당시 정통 지질학으로 인정받고 있던 쥐스의 이론을 따르지 않았을 뿐만 아니라 독일 서적을 읽는 것조차 금했던 스위스 정부의 명령을 어기고 베게너의 연구 내용을 소개하였기 때문이었다. 그럼에도 그의 학문적 열성과 알프스 산맥 형성 과정에 관한 우수한 논문을 발표한 덕분에 아르강은 브뤼셀에서 열린 제13차 국제 지질학회의 개회논문 발표자로 초청받는 영광을 얻었다.

제13차 국제 지질학회 논문집에 수록된 아르강의 논문은 200페이지를 넘는 방대한 작품으로 산맥형성에 관한 거의 모든 내용을 다루었다. 짧은 시간에 그 많은 내용을 모두 발표하기란 불가능했을 것이기 때문에 아르강이 그 자리에서 어떤 내용을 이야기했는지는 알 수 없다. 하지만 베게너의 이론을 높이 평가한 것만은 분명했다. 그는 지구에 관한 대표적 이론이 두 가지 있음을 언급한 다음, 두 이론을 비교하였다. 하나는 당시 정통 지질학으로 받아들여지던 지구수축설이었고, 다른 하나는 지각이 수평으로 움직인다고 주장하는 베게너의 대륙이동설이었다.

아르강은 논문에서 대륙이동설이 논리적이며 자유로운 사고를 허용하지만, 지구수축설은 경직되고 권위적이라고 규정하면서 버려야할 이론이라고 주장하였다. 논문의 마지막 부분에서 아르강은 대륙이동설이야

말로 당장 눈앞에 보이는 현상을 설명하는 수준에 머무르지 않고, 새로운 상상력을 불러일으키는 놀라운 이론이라고 치켜세웠다. 그가 초청강연에서 그처럼 대륙이동설을 강력하게 주장하였는지는 확인할 방법이 없지만, 또 그랬다고 해도 당시 회의에 참석한 지질학자들이 아르강의 발표 내용을 정확히 이해했을지도 의문이다. 왜냐하면 아르강이 프랑스어로 발표하여 영국이나 미국에서 참가한 대부분의 학자들은 그 내용을 충분히 소화하지 못했을 것이기 때문이다. 아무튼 아르강의 이런 노력에 의하여 스위스에서는 대륙이동설이 호의적으로 받아들여졌다.

반면에 프랑스에서는 대륙이동설에 대한 평가가 부정적이었다. 대부분의 고생물학자들은 육교의 존재를 고집하였으며, 지구물리학자들도 이론적으로는 대륙이동설의 타당함을 인정하면서도 중립적인 입장을 취하였다. 1925년 발간된 쥐스의 《지구의 표면》 프랑스어판 머리말에서 당시 프랑스 지질조사소 소장이었던 피에르-마리 테미에르(Pierre-Marie Termier)가 대륙이동설에 관해서 언급한 문구에서 사람들의 생각을 바꾸는 것이 얼마나 어려운지 엿볼 수 있다.

"베게너의 이론은 아름다운 꿈과 같다. 마치 시인이 쓰려고 하는 멋진 시처럼……. 그 이론은 매력적이지만, 붙잡으려고 하면 할수록 손가락 사이로 빠져나가는 연기처럼 붙잡히지 않는다."

영국에서의 환영과 홀대

제1차 세계대전이 일어났던 1914년부터 5년 동안 유럽에서의 학문 교류
는 완전히 단절되었다. 그래서 대륙이동설이 영국에 소개된 것은 그 이
론이 발표된 지 10년이 지난 후였다. 1919년 맨체스터대학교의 지구물
리학 교수였던 시드니 채프만(Sidney Chapman)은 노르웨이를 여행하던 도
중에 노르웨이와 독일 기상학자들의 연합 학술회의에 참석하게 되었다.
그곳에서 마침 베게너가 대륙이동에 관한 강연을 했고, 그 강연을 들은
채프만은 대륙이동설의 내용에 깊은 감명을 받았다. 영국으로 돌아온 그
는 맨체스터대학교의 물리학 교수였던 로렌스 브라그(W. Lawrence Bragg)
에게 그 소식을 전하였다. 그 내용을 접한 브라그 역시 대륙이동설에 관
심을 보였고, 베게너에게 편지를 써서 그 이론을 영어로 번역해 줄 것을
요청하였다. 1922년 봄, 맨체스터 문학·철학회에서 브라그는 대륙이동
설을 소개하였지만, 예상과는 달리 지질학자들은 말도 안 되는 엉터리
이론이라고 일축해 버렸다.

　그 무렵,《네이처》에 실린《대륙과 해양의 기원》제2판(독일어판)에 대
한 익명의 짧은 서평에는 "이 책은 물리학자들에게는 호평을 들었으나,
지질학자들은 그 내용을 받아들이기를 거부하였다."고 써 있었다. 서평
의 말미에 대륙이동설은 매우 혁신적이어서 코페르니쿠스의 지동설에
비교할 수 있다고 결론을 맺었다. 이 서평은 브라그가 쓴 듯한데, 아마도
지질학자들의 비난을 피하기 위해 익명으로 서평을 쓴 것 같다.

당시 지질학자들은 지구의 나이에 관한 오랜 논쟁에서 물리학의 대부였던 켈빈의 지배로부터 해방되어 한창 지질학의 자유로움을 즐기고 있었던 때였다. 1906년 멜라드 리드(Mellard Reade)는 "우리는 그동안 물리학자들과 지구의 나이에 관해 벌였던 쓸데없는 논쟁에서 벗어나 이제 본격적으로 우리의 과학인 지질학에 매진할 때가 왔다."라고 말했고, 1922년에는 유명한 천문학자 아서 에딩턴(Arthur Eddington)도 영국 지질학회 초청강연에서 "이제 물리학자들이 지질학에 대하여 이러쿵저러쿵 하는 그런 시대는 끝났다."고 말함으로서 당시 세태를 잘 반영하고 있다. 한편, 1922년 케임브리지대학교의 필립 레이크(Phillip Lake)는 영국《지질학잡지(Geological Magazine)》8월호에서 베게너의 대륙이동설이 매우 매력적이기는 하지만, 방법론이 옳지 않다는 글을 무려 8페이지에 걸쳐서 실으면서 그 이론에 대한 거부감을 표시하였다.

영국에서 대륙이동설에 관한 본격적인 논쟁은 1922년 9월에 막이 올랐다. 영국고등과학협회 9월 학술발표회는 브뤼셀의 제13차 국제 지질학회에서 막 돌아온 에번스(J. W. Evans)가 대륙이동설을 소개하는 것으로 시작하였다. 참석자들의 견해는 다양하여 호의적인 사람도 있었고, 부정적인 사람도 있었다.

베게너는 자신의 대륙이동설에 대한 사람들의 관심이 커지자 1922년《대륙과 해양의 기원》제3판(Wegener, 1922)을 서둘러 발간하였다. 하지만《네이처》12월호에 실린 콜(G. A. J. Cole)이라는 학자의 서평은 사뭇 익살스러웠다. 우선 첫 문장은 베게너가 그러한 책을 쓸 자격이 없다는 것으로 시작하면서 대륙이 춤춘다는 표현으로 그 이론을 비꼬았다.

1923년 1월 22일 런던에서 열린 왕립지리학회의 주제는 대륙이동설이었다. 첫 번째 발표자였던 레이크는 앞서 그가 피력했던 것처럼 대륙이동설에 대한 부정적 견해를 발표하였다. 하지만, 대륙이동설에 동정적인 의견도 적지 않았다. 램플루(G. W. Lamplugh)는 "베게너는 지질학자들이 마음속에 오랫동안 감추어 두었던 생각을 일깨워냈다."고 언급했고, 올드햄(R. D. Oldham)은 "중요한 것은 베게너가 옳으냐 그르냐하는 문제가 아니고, 정말 대륙이 항상 현재의 장소에 있었느냐하는 점을 심각하게 생각해야한다."라고 말했다. 데븐햄(F. Debenham)은 "베게너를 개관적인 입장에서 평하자면, 괴팍스러운 이론가처럼 보인다. 하지만 우리 지질학자들은 지구의 사소한 현상을 다루는 데만 급급했을 뿐 좀 더 큰 규모에서 일어나는 현상에 관한 연구에는 소홀하였다."고 솔직하게 고백하였다. 마지막으로 발표한 라이트(C. S. Wright)는 "대륙이동처럼 다양한 분야에 걸치는 가설을 너무 지엽적인 내용을 가지고 트집 잡아서는 안 된다."고 마무리 지었다.

그 학술회의가 끝난 후, 영국에서 대륙이동설에 대한 반응은 호의적인 분위기로 바뀌었다. 1923년 겨울, 영국에서는 대륙이동설이 과학계의 가장 중요한 이슈가 되었다. 어떤 사람은 베게너를 아인슈타인과 비교하기도 하였다. 영국에서 대륙이동설이 그처럼 대중적인 지지를 받게 된 배경에는 《네이처》에 여러 가지 자연현상을 설명하는데 대륙이동을 연관시킬 수 있다는 논문들이 속속 발표되었기 때문이다. 하지만 베게너는 그 사실을 알지 못했다. 제1차 세계대전이 끝난 후 독일의 화폐 가치가 하락하면서 독일에서 외국 학술지를 구독하는 일이 불가능했기 때문이었다.

이처럼 호의적 분위기였던 영국에서 대륙이동설에 치명적 타격을 입힌 사람은 케임브리지대학교의 지구물리학 교수였던 헤롤드 제프리스(Harold Jeffreys, 1891~1989)였다. 제프리스도 처음에는 대륙이동설에 대해서 그다지 부정적이지는 않았다. 지구의 자전으로는 산맥을 접히게 할 만큼 큰 힘이 생겨나기 어렵다거나 해양지각은 대륙에 비하여 방사능 물질이 적으므로 유동적이기보다는 오히려 더 단단할 것이라는 논문을 발표하기도 했다. 다른 한편으로는 베게너가 제시했던 대륙이동의 원동력이 가능할 수도 있다는 언급을 하여 대륙이동설이 설 자리도 마련해 주었다.

그러나 1923년 4월 《네이처》에 발표한 논문에서 제프리스는 그때까지의 입장을 완전히 바꾸어 어떤 현상이든지 수리물리학적으로 설명이 가능해야한다는 점을 강조하면서 대륙이동설을 공격하기 시작하였다. 현재처럼 높고 낮은 산맥이 존재한다는 것은 아주 작은 힘(그 힘이 아무리 오랫동안 작용한다고 해도)으로는 지각을 움직이는 것이 불가능하다는 점을 반영한다고 주장하였다. 제프리스는 1924년에 발간한 저서 《지구(The Earth)》(Jeffreys, 1924)에서 대륙이동설을 더욱 신랄하게 공격하였다. 그는 베게너가 제시했던 대륙이동에 관한 지질학·고생물학적 증거들은 믿기 어렵기 때문에 심각하게 받아들일 필요가 없다고 언급한 다음, 베게너

이론의 최대 약점인 대륙이동의 원동력을 공격하였다. 베게너는 대륙이동의 원동력으로 지구의 자전에 의하여 극지방에서 적도 방향으로 미는 힘과 달과 태양에 의한 조석력을 제시했는데, 제프리스는 그 정도의 힘으로는 지각을 움직일 수 없다는 것을 수학적으로 증명하였다. 만약 그 힘이 대륙을 이동시킬 정도로 셌다면, 현재 지구의 자전은 멈춘 상태여야 하며, 지구의 표면은 높고 낮은 부분이 없는 완벽한 구형체를 이루었을 것이라고 결론지었다.

여기에서 우리는 20세기 전반 가장 존경받던 지구물리학자의 한 사람인 제프리스가 지나치게 물리적인 사항을 중시하는 바람에 진실을 놓치고 있음을 보게 된다. 그는 베게너가 제시했던 고생대 때의 극 위치가 현재와 달랐다는 사실을 단지 물리적으로 불가능하다고 판단하였고, 베게너가 직관적으로 알아보았던 눈에 보이는 증거들을 진지하게 받아들이지 않았던 것이다.

1924년 말,《대륙과 해양의 기원》제3판의 영어 번역본이 발간되자, 그에 대한 서평과 논평이 《네이처》에 줄을 이었다. 1925년 2월에는 '호의적인 반응'이라는 짧은 서평이 실렸고, 이어서 4월에 미국 지질학자 콜만(A.P. Coleman)이 미국에도 페름기 빙하퇴적층이 존재한다는 짧은 논문을 발표하여 베게너가 대륙이동의 중요한 증거로 제시했던 고기후의 의미를 탈색시켰다. 한 달 후, 메이릭(E. Meyrick)이라는 학자는 베게너가 대륙이동의 증거로 제시한 나비의 분포를 분석한 다음, 그 분포가 대륙이동설과 전혀 부합하지 않는다는 결론을 내렸다. 이처럼 고기후와 생물분포에 관한 부정적인 견해는 베게너의 대륙이동설을 의심케 하는데 충분하였다. 1926년에 레이크는 베게너를 깎아내리는 서평을 다시 영국《지질학잡지》에 실었는데, 이번에는 내용에 대한 평을 제쳐두고 영어 번역본이 원본보다 훨씬 멋있다는 사족을 달아 대륙이동설을 비하하였다. 이무렵 영국에서 베게너를 옹호하는 사람들은 거의 없었으며, 전반적으로 대륙이동설을 비판하는 분위기로 바뀌었다.

1925년 런던 지질학회 회장으로 뽑힌 에번스는 학회 개회사에서 베게너의 이론에 동정적인 표현을 쓰기는 했지만, 대서양은 달이 떨어져 나가면서 생긴 공간을 메우기 위해서 형성되었다고 하는 이론이 더 타당해 보인다는 입장을 취하였다. 1929년 회장에 선임된 그레고리(J.W. Gregory)는 지각평형 때문에 해저가 깊다는 논리라면, 그런 지각평형 이론은 쓸모없다고 말했다. 1935년 런던 지질학회는 대륙이동에 관한 논쟁에 종지부를 찍기 위해서 왕립천문학회와 공동으로 토론회를 열었다. 대륙이동설의 옹호자였던 라이트(W. B. Wright)는 천문학자들로부터 어느 정도의 지지를 얻어낼 것으로 생각했으나 그 결과는 신통치 않았다. 이 토론회 이후, 처음에 호의적이었던 영국에서도 대륙이동설이 설 자리는 좁아졌다.

미국에서의 수모

대륙이동설은 미국에 약간 늦게 소개되었는데, 그 이유는 제1차 세계대전의 혼란 속에 다른 나라의 과학 소식이 전해지기 어려웠기 때문이었다. 1922년 미국의 《지리학논평》에 실린 《대륙과 해양의 기원》 독일어판 (1919년 발간)에 대한 지구물리학자인 해리 라이드(Harry F. Reid)의 서평은 무미건조하고 비우호적이었다.

> "그동안 지구의 자연현상을 간단한 가설로 설명하려는 시도가 많이 있었지만, 어느 것도 성공하지 못했다. 대륙이동설도 그러한 종류의 하나인 것 같다. 과학이란 뼈를 깎는 고통의 과정을 통해 귀납적 방법으로 이루어지는 것이지, 먼저 가설을 세운 다음 자연현상을 그 가설에 끼어 맞추어 가는 방식은 아니다."

미국에서 대륙이동을 다룬 첫 번째 학술회의는 1923년 4월 워싱턴에서 열렸다. 워싱턴 철학회가 워싱턴 지질학회를 초빙하는 형식으로 열린 회의의 주제는 '테일러-베게너 가설'이었고, 세 명의 연사가 초빙되었다. 첫 번째 연사는 프랭크 테일러였고, 두 번째 연사는 하버드대학교의 레지널드 데일리(Reginald Daly) 교수, 그리고 마지막 연사는 미국 해안측지 연구소의 램버트(W.D. Lambert) 박사였다.

테일러는 백악기 말에 달이 지구에 붙잡힌 이후 대륙이 갈라졌다는 종전의 주장을 되풀이하였다. 대륙이동설에 우호적인 생각을 가지고 있던 데일리 교수는 대륙의 수평이동을 신중하게 검토해야 할 이론이라고 언급하였고, 지질학자가 아니었던 램버트는 대륙이동의 원동력을 적절하게 제시할 수 없는 한 수학자들이나 물리학자들에게 이 가설을 믿으라고 강요하기는 어려울 것이라고 끝맺었다. 하지만 이 회의는 규모가 크지 않았기 때문에 미국 지질학계에 미친 영향은 미미했다.

미국에서 대륙이동설이 본격적으로 다루어진 것은 1925년 7월 과학잡지 《사이언스(Science)》에 《대륙과 해양의 기원》 영어 번역본에 대한 서평이 실린 이후였다. 서평에서는 대륙이동설이 유럽에서는 상당히 주목을 받고 있다는 사실과 함께 그 내용을 간략히 소개하였다. 1926년 1월, 과학잡지 《사이언티픽 아메리칸(Scientific American)》에는 다음과 같은 매우 어정쩡한 논평이 실렸다. "대륙이동설은 놀라운 이론이지만 이상한 면도 있다. 이 가설은 엉터리 이론으로 판명날 수도 있고, 어쩌면 받아들여질 수도 있다. 분명한 것은 현재의 측지 기술로 대륙이동을 정확히 측정할 수 없다는 점인데, 두 대륙이 1년에 36미터 멀어졌다는 수치를 어떻게 믿을 수 있겠는가?" 그 무렵 영국에서도 베게너의 이론에 대한 비판이 시작되긴 했지만, 대륙이동설에 대한 영국과 미국의 반응에는 근본적인 차이가 있었다. 영국에서는 베게너의 이론에 호의적인 견해를 표명한 사람들이 제법 있었지만, 미국에서는 대부분 적대감을 나타냈다.

특히, 1926년 11월 15일 미국 석유지질협회가 베게너를 초빙하여 개최한 심포지엄은 미국 지질학계의 불편한 심기를 그대로 드러낸 추악한 회의였다. 심포지엄의 주제는 '대륙이동설'이었고, 조직위원장은 네덜란드 출신의 석유지질학자 판데르 그라흐트(van Waterschoot van der Gracht)였다. 회의에는 대륙이동설의 주인공인 베게너와 테일러를 포함하여 미국을 대표하는 지질학자들이 대거 참석하였다. 하지만 참가자의 대부분은 '대륙이동설이란 상상력에 바탕을 둔 사이비과학이며 19세기 스타일의 구태의연한 이론'이라는 선입견을 가지고 있었던 사람들이었다.

2년 후인 1928년 발간된 미국 석유지질협회 심포지엄 논문집에 실린 논문들은 대부분 베게너의 이론을 비판하는 내용뿐이었다. 그 내용으로는 1)대서양 양쪽 대륙에서 지층이 똑같은 순서로 쌓였다는 사실은 대륙이동과 아무런 관계가 없다, 2)지층의 쌓인 순서가 같다고 해서 예전에 그들이 붙어 있었다고 말할 수 없다, 3)동물들은 육교를 따라 얼마든지 이동할 수 있고, 4)남아프리카를 비롯한 남반구 대륙에서 발견된 후기 고생대 빙하퇴적층으로 알려졌던 것은 빙하의 산물이 아니며, 5)북반구 대륙에 넓게 분포하는 석탄층도 적도지방에서만 형성되지는 않았다, 그리고 6)곤드와나 대륙이 분리되었다고 하는 증거들도 의심스럽다 등등이었다.

어떤 사람들은 대륙이동설의 약점들을 붙잡고 늘어졌다. 예를 들면, 아메리카 대륙이 해저를 따라 수평으로 미끄러졌다면 왜 대륙의 서쪽에만 높은 산맥이 있으며, 이처럼 산맥이 형성된 것은 해저에 대륙의 이동을 막는 무언가가 있기 때문일 것이라고 주장하였다. 가장 곤란한 질문의 하나는 판게아 대륙이 오랫동안 한 덩어리를 이루고 있다가 왜 갑자기 갈라지기 시작했느냐는 것이었다. 또 어떤 사람들은 베게너의 연구방법론과 과학자로서의 자질을 공격하기도 하였다. 여기에서 우리는 당시 미국을 대표하는 과학자들이 얼마나 편파적인 생각을 가지고 이 토론에 임했는가를 엿볼 수 있다. 심포지엄에서 발표된 논문을 중심으로 알아보 겠다.

첫 번째 발표자는 심포지엄의 조직위원장인 판데르 그라흐트였다. 그 는 먼저 심포지엄 참가자들에게 대륙이동이라는 주제에 편견을 가지고 접근하지 않기를 부탁했다. 그리고 대륙이동에 관한 긍정적인 면과 부정 적인 면을 열거한 후 대륙이동설의 증거들이 설득력이 있어 보인다는 점 을 강조하였다. 그렇지만 어떤 이론도 완벽할 수는 없으며, 따라서 대륙 이동도 하나의 가설이라는 점에 초점을 맞추어 토론해 주기를 요청하면 서 발표를 마쳤다.

두 번째 발표자는 스탠포드대학교의 명예교수였던 베일리 윌리스 (Bailey Willis)로 원론적인 면에서 대륙이동설을 부정하였다. 그는 대륙이 동은 그 자체로 모순이 있음을 지적하였다. 대서양 양쪽 해안선의 윤곽 이 잘 들어맞는 점은 인정하지만, 정말 대륙이 갈라져 이동했다면 오히 려 해안선은 제멋대로 찌그러져 있는 것이 자연스럽다고 말했다. 그러므 로 잘 들어맞는다는 점이 오히려 대륙이 갈라지지 않았다는 것을 의미한 다고 결론지었다. 두 대륙에서 같은 화석이 산출되는 점도 육교로 설명 하는 것이 더 타당하다고 말했다. 논문의 결론에서 베게너는 대륙이동의 직접적인 증거는 하나도 없이, 단지 대륙이동을 지지하는 지질학·고생물 학·지구물리학적 자료만 나열한 것에 불과하다고 비난하였다.

그러나 누구보다도 신랄하게 베게너를 공격한 사람은 다음 발표자인 시카고대학교의 롤린 체임벌린(Rollin T. Chamberlin: 유명한 토머스 체임벌린의 아들로 아버지의 후광으로 그 자리를 물려받았다.)이었다. 그는 논문의 서두에서 대륙이동설처럼 설익은 이론으로 지구의 근본적인 문제를 논한다면, 과연 지질학을 과학이라고 할 수 있는가라고 물으면서 발표를 시작하였다. 그는 베게너가 제시한 지질학적 증거 18가지 항목에 대한 반증을 열거하면서 조목조목 따졌다. 그중 몇 가지를 소개하면 다음과 같다. 반증 16번은 "베게너가 제시한 대부분의 증거들은 그럴듯해 보이지만, 그때그때 상황에 따라 편리하게 쓰였다."였고, 반증 17번에서 "베게너는 아무런 구속을 받지 않고, 자신의 가설에 부합하는 증거만 열거하면서 우리 지구를 제멋대로 가지고 놀았다."고 비난하였다. 마지막 반증인 18번에서는 "미행성설은 지질학의 모든 점을 포괄적으로 해석하는 이론인 데 반하여 대륙이동설의 저자는 그런 이론이 있는지조차도 모르는 것 같다."고 베게너를 폄하하는 발언을 하였다. 그렇지만 체임벌린의 속마음을 단적으로 표현한 말은 "만일 우리가 베게너의 이론을 받아들인다면, 우리가 지난 70년 동안 구축해왔던 지질학의 모든 성과를 버리고 다시 시작해야 한다."였다. 가장 논리적이어야 할 과학자들이 얼마나 편견에 집착했는가를 보여 주는 대목이라고 하겠다.

그 다음에 수록된 논문은 대륙이동설에 우호적이었다. 발표자는 아일랜드의 지질학자 존 졸리(John Joly)로 당시 막 발표된 홈스의 맨틀 대류가 대륙이동을 가능케 할 수 있다는 점을 언급하면서 이를 조산운동과 연결시켰다. 맨틀에서 뜨거운 흐름이 올라오면 바로 위의 지각은 가라앉으며, 그 낮은 부분을 따라 바다가 들어와 퇴적물이 쌓여 지향사를 형성하였고, 화산활동에 의하여 내부의 열이 방출된다고 언급하였다. 그러면 내부가 식으면서 주변의 대륙을 밀어 올리게 되고 그 결과 바다는 물러나는데, 이때 지향사 퇴적물이 융기하여 높은 산맥을 이룬다고 설명하였다.

예일대학교의 명예교수였던 찰스 슈처트(Charles Schuchert)는 다른 사람들과 달리 "대서양 양쪽의 해안선이 잘 들어맞는 것도 아니다."라고 말하면서, 진흙으로 만든 지구본을 들고 대륙을 억지로 끼어 맞추는 시늉을 하여 관중들을 웃기기도 했다고 전해진다. 대륙이동설을 부정하는 다양한 예를 들면서 논문의 결론을 다음과 같이 마무리하였다. "대륙이동설의 문제점은 방법론에 있다. 베게너는 지구에 관한 이론을 너무 쉽게 일반화하려고 했다. 우리가 어떤 내용을 일반화하려고 할 때는 엄청난 노력이 필요하다는 것을 잊어서는 안 된다."

이어서 발표에 나선 베게너는 비교적 지엽적인 두 가지 문제를 언급하였다. 하나는 앞서 콜만이 미국의 페름기 빙하퇴적층이라고 주장한 것은 틀렸다는 내용이었고, 다른 하나는 대륙이동을 증명하기 위해서는 경도에 따른 거리 변화를 측정해야 한다는 내용이었다. 사실 그것은 사람들의 생각을 바꿀 수 있을 만큼 중요한 내용이 아니었고, 게다가 베게너의 영어 구사능력이 자신의 의사를 표현하기에 충분치 않았던 탓에 그의 이론을 비난하는 사람들에게 제대로 대응하지도 못하였다. 베게너에게 우호적이었던 판데르 그라흐트가 통역을 시도하여 문제를 풀어보려고 했지만 성공하지는 못했다. 그리고 프랭크 테일러는 여전히 자신의 이론을 반복하여 발표하는 데 그쳤다.

마지막으로 심포지엄 논문집 끝에 실린 '찾아보기'에서 심포지엄의 분위기를 엿볼 수 있다. '찾아보기'에 수록된 항목 중에는 '베게너의 대륙이동설에 반대'가 있었고 그 항목 아래에 반대한 사람들의 이름과 논문의 페이지가 나열되었다. 하지만 '베게너의 대륙이동설에 찬성'이라는 항목은 아예 없었다. 일반적으로 보수성이 강하리라고 예상되는 영국에서는 대륙이동설을 수용하려는 여지를 남긴데 반하여, 좀 더 진보적일 것 같은 미국에서는 대륙이동설을 무자비하게 짓밟는 잔인함을 보여 주었다.

이처럼 미국에서 대륙이동설이 푸대접을 받게 된 배경에는 그 이론에 대한 미국학자들의 원천적 불신이 있었다. 대륙이동설은 언뜻 보기에 전 지구적 가설을 세운 다음 그에 부합하는 증거를 찾아가는 이론처럼 보인다. 하지만 당시 미국 과학계에서는 체임벌린의 영향을 받아 올바른 과학적 태도는 사실(또는 관찰)을 바탕으로 가설을 세워야 한다는 인식이 팽배해 있었다. 사람들은 처음부터 이 기묘한 이론에 대하여 진지하게 대할 생각이 없었던 듯했다. 아니면 이 기회에 대륙이동설을 웃음거리로 만들어 과학계에서 아예 밀쳐내고 싶어 했는지도 모른다. 당시 미국에서는 시카고대학교의 체임벌린에 의하여 새롭게 제안된 미행성설이 한창 붐을 일으키고 있었고, 지향사에 관한 연구가 활발했으며, 또 해양은 영원히 해양이라는 지각불변설이 주목을 받고 있던 시절이었으므로 대륙이동설이라고 하는 이상한 이론이 필요치 않았을지도 모른다.

1940년대에 접어들면서 대륙이동에 관한 논의는 점차 사그라졌다. 영국과 미국에서 대륙이동과 관련된 연구 과제는 하나도 없었으며, 대륙이 동은 그 자체가 하나의 우스꽝스러운 이론으로 취급되었다. 하버드대학교 고생물학 교수였던 퍼시 레이몬드(Percy Raymond)가 남긴 일화를 읽고 나면 기분이 씁쓸해지기까지 한다. 그는 반쪽짜리 삼엽충을 캐나다 뉴펀들랜드에서 찾았는데, 놀랍게도 그 화석의 나머지 반쪽을 아일랜드에서 찾았다고 말하면서, 이것으로 보아 북아메리카 대륙은 유럽으로부터 갈라졌음에 틀림없다고 농담조로 이야기했다고 전해진다(그러나 놀랍게도 그로부터 20여 년이 흐른 후인 1960년대 중반 이 우스갯소리가 사실로 밝혀진다. 193쪽 참조).

그러나 대륙이동설을 가장 우스꽝스럽게 만든 사람은 베일리 윌리스였다. 스탠포드대학교의 교수였던 윌리스는 1926년에 열렸던 미국 석유지질협회 심포지엄에서도 대륙이동에 반대하는 논문을 발표했었는데, 십여 년이 지난 후에도 대륙이동설에 대한 적대감은 전혀 줄어들지 않았다. 1944년에《미국 과학회지》에 발표한 논문 〈대륙이동: 한 우스꽝스러운 이야기〉이란 제목(Willis, 1944)에서도 알 수 있듯이 그는 대륙이동설이 틀렸다는 점에 대해서 전혀 미심쩍어 하지도 않았던 듯했다. 그는 대륙이동설은 성립할 수 없는 이론으로 당장 폐기처분해야 한다고 주장하였다. 왜냐하면, 이 이론에 대한 논쟁은 쓸데없이 종이만 낭비하고, 어린 학생들의 머리를 혼란스럽게 하기 때문이라고 말했다. 사실, 윌리스가 왜 그렇게 신랄하게 베게너를 공격했는지는 이해하기 어려운 측면도 있다.

그렇지만 미국에서도 모두 대륙이동설을 싫어하지만은 않았다. 아니

우호적은 아니었을지 몰라도 대륙이동설을 객관적 입장에서 보려는 사람도 있었다. 그는 예일대학교의 롱웰(Chaster Longwell)교수였다. 그 역시 처음에는 대륙이동설에 부정적이었다. 그래서 1926년 미국 석유지질협회 심포지엄에서 대륙이동의 부당성을 논하기도 하였다. 그렇지만, 롱웰의 다음과 같은 논평에서 윌리스와는 크게 다른 마음가짐을 읽을 수 있다.

"베게너의 대륙이동설은 지질학 분야의 근본적인 문제점을 다시 생각하게 해 주는 측면이 있으므로 지질학자들은 그 이론에 관심을 가져야 한다. 어떤 면에서는 베게너의 주장이 더 옳게 느껴지는 부분도 있다. 그러므로 어떤 이론이든지 지구 역사의 중요한 문제를 푸는데 도움이 될 가능성이 있다면, 그 이론을 무조건 배척하려는 태도를 버려야 한다."

롱웰은 대륙이동설 지지자와 반대자들에게 모두 문제가 있음을 지적하였다. 대륙이동설 지지자들은 상대편의 비판에 별다른 반응을 보이지 않은 점을, 그리고 반대 진영에게는 대륙이동설을 무조건 싫어하는 점에 대하여 비판적 입장을 취했다. 롱웰은 이 문제에 대해서 중립적인 입장을 취했고, 지질학자라면 항상 모든 가능성을 열어두고 문제에 접근해야 한다는 점을 강조하여 과학자의 올바른 자세를 보여 주었다. 롱웰의 중립적인 자세를 윌리스는 공공연하게 비난하였지만, 롱웰은 조산대의 복잡한 단층과 습곡구조를 설명할 수 있는 가설이 나오기까지는 대륙이동설도 하나의 가능한 가설로 고려할 가치가 있다는 자신의 견해를 고집하였다.

1944년 롱웰은 그린란드의 측지 자료를 검토하는 과정에서 1927년과 1936년 사이에 그린란드가 서쪽으로 이동한 흔적을 찾을 수 없었다고 보고하면서도 매우 신중한 태도를 보여 주었다. 아직은 측지 기술이 부정확하므로 이 결과가 대륙이동을 전면적으로 부정하는 것은 아니라고 말했다. 왜냐하면 대륙이동은 이따금 일어날 수도 있기 때문에 10년 동안에 일어난 이동거리를 현재의 측정기술로 인지할 수 없을지도 모른다는 생각에서였다.

과학자는 이와 같은 롱웰의 신중한 태도를 본받아야 한다고 생각한다. 보통 실험에 의존하는 사람들은 이론적인 면을 등한시하고, 반면에 이론에 집착하는 사람들은 실험 연구를 경시하는 풍조가 있는데, 관찰을 바탕으로 하는 학문인 지질학의 경우는 양면을 모두 신중히 고려해야 한다.

베게너의 죽음

1919년 독일 해양연구소 기상연구실장으로 임명된 이후, 베게너는 매일 반복되는 따분한 행정업무에 싫증을 느끼고 있었다. 하지만 당시 독일의 어느 대학에서도 과학자와 교육자로서 탁월한 재능을 지녔던 베게너를 부른 곳은 없었다. 어떤 사람은 베게너가 자신의 영역을 벗어난 문제에 몰두해 있었기 때문에 대학교수로 발탁될 수 있는 기회를 얻지 못했다고 평가하기도 했다. 그런데 1924년 오스트리아의 그라츠대학교에서 기상학·지구물리학 교수자리를 새롭게 마련하고 베게너를 초빙하였다. 아마도 그곳에 먼저 자리 잡고 있었던 형 쿠르트 베게너의 노력 덕분이었을 것이다. 베게너는 부푼 가슴을 안고 그라츠대학교로 옮겼고, 재미없는 행정업무로부터 벗어난 자유로움을 만끽하기라도 하듯이 학생들을 열정적으로 가르쳤다.

베게너의 대학에서의 생활은 성공적이었다. 그는 자연현상을 명쾌하게 설명하는 특별한 재능을 타고났다. 어려운 문제를 수식도 쓰지 않고 정확하게 핵심을 집어내는 베게너의 능력을 동료나 학생들은 부러워했다고 한다. 베게너의 또 다른 장점의 하나는 솔직함인데, 자신이 모른다는 사실에 대해서 전혀 부끄러워하지 않았다. 당시 최고의 기상학자이자 그의 장인이기도 했던 쾨펜에게 보낸 편지에서 베게너는 "내가 우둔해서 그런지는 모르지만 나는 내가 이해할 수 없는 수식만으로 써진 논문은 대부분 사리에 맞지 않다고 생각한다."라고 썼다. 이러한 솔직성과 학문에 대한 열정은 학생들에게 그대로 전해져 학생들로부터 폭발적인 인기를 얻었다. 한 동료교수는 베게너를 회고하면서 그를 위해서라면 불 속이라도 뛰어들 학생이 있을 정도였고, 누군가 대륙이동설을 의심하는 이야기라도 하면 주먹질을 할 기세였다고 전했다.

대학에서의 이러한 평가와는 달리, 당시 과학계를 이끌고 있던 영국과 미국에서의 대륙이동설에 대한 평가는 극도로 부정적이었다. 영국에서는 제프리스가 대륙이동이 이론적으로 불가능함을 증명한 상황이었고, 미국에서는 석유지질협회 심포지엄이 열린 이후 대륙이동설의 입지는 점점 좁아졌다. 그런 와중에도 베게너는《대륙과 해양의 기원》제4판(1929)을 발간하였는데, 원래 자신이 가지고 있던 생각에서 한 발자국도 물러서지 않았다. 오히려 그의 주장을 지지할 수 있는 증거들을 더욱 보강해 나갔다.

개정판에서 가장 돋보이는 내용은 빙하퇴적물의 분포로 보아 유럽과 북아메리카는 최근까지도 붙어 있었으며, 북대서양이 벌어지기 시작한 것은 10만 년 전 무렵이었다고 주장하였다. 베게너가 그러한 주장을 펼친 배경에는 북대서양이 벌어지는 속도가 무척 빠르다는 측정결과 때문이었다. 1929년 발간된《대륙과 해양의 기원》제4판에 수록된 내용에 그린란드의 기상관측소 코르노크(Kornok)의 경도를 그리니치 천문대를 기점으로 측정하였을 때, 1922년에는 서쪽으로 3시간 24분 22.5초였는데, 1927년에는 3시간 24분 23.4초였다. 이는 5년 동안에 0.9초 늦어졌음을 의미하며, 따라서 두 지점은 1년에 36미터 멀어지고 있다고 결론지었다(최근 인공위성 측정 자료에 의하면 1년에 2~3센티미터가량 멀어진다.). 이 마지막 개정판에서 베게너는 모든 증거들을 종전보다 훨씬 더 진지하게, 그리고 과학적으로 다루었다. 특히 지구내부의 대류에 의하여 대륙이 이동할 가능성이 있다고 짤막하게 언급한 부분이 있긴 했지만, 대륙이동을 설명할 마땅한 원동력이 없음을 걱정하였다.

그 무렵, 베게너는 생애 마지막이 될 그린란드 탐험을 준비하고 있었다. 이 탐험은 원래 독일과 덴마크가 공동으로 추진하였으나 덴마크 측 책임자였던 코흐(Lange Koch)가 갑자기 사망하는 바람에 예정보다 조금 늦어졌다. 이 탐험은 독일과학기술진흥회로부터 재정적 지원을 받았는데, 그 배경에는 제1차 세계대전이 끝난 후 경제적 파탄에도 불구하고 독일이 과학진흥을 위해 힘을 쏟고 있다는 사실을 전 세계에 알리려는 독일정부의 의도가 숨어 있었다. 베게너는 21명의 과학자와 기술자로 구성된 탐험대의 대장을 맡았고, 탐험대는 그린란드에서 18개월 동안 머무르면서 기상, 빙하 그리고 지구물리 자료를 수집하는 임무를 맡았다.

1929년 사전답사를 거친 후, 탐험대는 1930년 4월 그린란드에 도착하여 3곳에 캠프를 설치하였다. 그린란드의 동쪽과 서쪽 해변에 1개씩 그리고 섬의 한가운데 '아이스미테(Eis-Mitte: 독일어로 얼음 가운데라는 뜻)'라는 지점이었다. 북위 71도에 위치한 아이스미테는 해변으로부터 약 400킬로미터 떨어져 있었고, 그곳에 베게너의 제자였던 요하네스 게오르기(Johannes Georgi)와 빙하학자 에른스트 요르게(Ernst Jorge)가 배치되었다. 아이스미테의 빙하에 동굴을 뚫어 캠프를 설치하여 2개월이 지난 후, 캠프에 물품을 보급하러 갔던 대원이 돌아와서 아이스미테에 식량과 연료를 빨리 공급하지 않으면 대원들이 겨울을 나기 어려울 것이라고 보고했다.

1930년 9월 21일, 베게너는 대원 뢰베(Fritz Lowe)와 13명의 그린란드 현지인, 그리고 15대의 개썰매에 보급품을 싣고 아이스미테를 향하여 떠났다. 가는 도중에 만난 혹독한 눈보라와 추위는 그린란드의 에스키모인들도 견디기 힘들어 했다. 일주일만에 겨우 160킬로미터를 전진했을 정도로 여행은 힘들었는데, 결국 견디지 못한 12명의 에스키모인들은 베이스캠프로 돌아갔고, 베게너와 뢰베, 안내인 빌룸젠(Rasmus Willumsen) 세 명만 눈보라를 헤치고 여행을 계속하였다. 꼭 필요한 장비만 가지고 행군을 계속한 끝에 출발한 지 40일이 지난 10월 30일 아이스미테의 얼음동굴에 도착하였다. 이 여행 중에 뢰베는 심한 동상에 걸려 발가락 10개를 모두 잘라내야 했다. 하지만 캠프에 도착한 베게너는 "여기는 정말 편안하고 쾌적하다"면서 마치 산책에서 막 돌아온 사람처럼 즐거워했다고 뢰베는 회고하였다.

아이스미테에서 이틀을 지내면서도 베게너는 기상자료를 수집하고 기록하는데 열심이었다. 11월 1일은 마침 베게너의 생일이었으며, 그래서 대원들은 얼음동굴에서 간단한 생일파티를 열고 사과를 1개씩 나누어 먹었다. 파티가 끝난 후 궂은 날씨에도 불구하고, 베게너와 빌룸젠은 베이스캠프로 돌아가야만 했다. 아이스미테에 남은 식량이 3명만 간신히 연명할 수 있는 분량이었기 때문이다. 그래서 동상에 걸린 뢰베가 남고, 두 사람은 17마리의 개가 끄는 두 대의 개썰매를 몰고 베이스캠프를 향해 떠났다. 기온은 영하 50도를 밑돌았고, 눈보라가 몰아치는 황량한 얼음 위를 걷는다고 상상해 보라. 춥고 깜깜한 북극권의 밤을 따라 400킬로미터를 걸어야 하는 일은 괴롭고도 힘든 일이었을 것이다.

그날, 개썰매를 몰고 아이스미테를 떠나는 베게너를 본 것이 대원들이 기억하는 그의 마지막 모습이었다. 당시에는 연락할 수 있는 통신수단이 없었기 때문에 베이스캠프에 있던 대원들은 베게너가 아이스미테에서 겨울을 나는 것으로 생각했고, 아이스미테에 있던 사람들은 베게너가 무사히 베이스캠프에 도착했으리라 믿었다. 그러나 이듬해 4월이 되어도 베게너가 베이스캠프로 돌아오지 않자 대원들은 상황을 알아보기 위해서 아이스미테로 갔다. 가는 도중 대원들은 베게너의 스키 두 짝이 3미터쯤 떨어진 채 세워져 있는 것을 발견하였다. 대원들이 스키 밑의 눈을 파헤치자, 그곳에 물품 운반용 빈 상자 하나가 묻혀 있었다. 일단, 아이스미테로 간 대원들은 베게너가 그곳을 떠났다는 사실을 확인한 후, 다시 베게너의 스키가 남겨져 있던 곳으로 돌아왔다.

상자 밑을 들추자 그곳에 옷을 입은 채 침낭에 감싸인 베게너의 시신이 들어 있었다. 대원 중 한 사람이 남긴 기록에 "베게너는 눈을 뜬 상태였고, 평안한 모습이었다. 그는 마치 웃고 있는 것 같았다."고 쓰여 있었다. 베게너의 사인은 강행군에 의한 심장마비였던 듯하다. 베게너와 동행했던 빌룸젠은 베게너가 사망하자 그를 안전하게 매장한 후, 표시로 스키를 세워 두었다. 그렇지만 빌룸젠의 흔적은 어디에서도 찾아 볼 수 없었다.

그린란드 탐험대장이었던 베게너의 죽음은 그를 영웅으로 만들었다. 독일 정부에서는 그의 죽음을 국가적으로 다루어 시신을 군함에 실어 귀환시키려고 시도하였다. 하지만 그의 가족들은 이를 원치 않았고, 부인 엘제의 뜻에 따라 베게너의 시신을 죽은 장소에 그대로 남겨두기로 했다. 그린란드를 사랑했고 추운 곳을 좋아했던 베게너의 안식처로 가장 좋은 장소라는 판단에서였다. 지금도 그린란드의 빙하 속에 잠들어 있는 베게너는 빙하와 함께 흘러내려 수만 년 후 해변에 그 모습을 다시 드러내게 될지도 모른다.

베게너를 추모하는 신문기사와 회고에서 기상학자이자 탐험가로서 그의 공적은 높은 칭송을 받았다. 여러 차례의 그린란드 탐험과 교육자로서 또한 과학자로서 그의 탁월한 능력에 대한 찬사도 쏟아졌다. 그러나 베게너의 가장 위대한 과학적 업적이라고 할 수 있는 대륙이동설에 관한 언급은 어디에서도 찾아볼 수 없었다. 대륙이동설은 베게너의 죽음과 함께 망각 속으로 사라지는 것처럼 보였다.

대륙이동설의 지지자들

베게너의 대륙이동설이 여러 가지 지질현상을 논리적으로 설명해 주는 이론임에도 불구하고 학계에서 받아들여지지 않은 이유는 무엇일까? 과학사가들은 사람들이 베게너의 대륙이동설을 왜 그토록 싫어했는지 설명하려고 시도하였다. 당시 과학계가 그 이론을 받아들일 준비가 되어 있지 않았기 때문이라는 단순한 해석에서부터 일반적으로 정통 이론과 다른 새로운 이론이 나왔을 때 새 이론은 머지않아 허무맹랑한 것으로 밝혀지리라는 기대 속에 그저 무시되었다는 의견들도 등장하였다. 그러나 베게너의 대륙이동설은 무시된 정도가 아니라 비웃음거리 취급을 받았다.

그러나 베게너의 이론이 받아들여지지 않았던 가장 큰 이유는 아마도 그가 해당 분야의 전문가가 아니었기 때문이었을 것이다. 베게너는 지질학자도 아니었고, 고생물학자도 아니었으며, 무엇보다 생물학자가 아니었다. 그럼에도 불구하고, 그의 대륙이동설은 지질학, 고생물학, 고기후학, 지구물리학 등 여러 분야에 걸친 내용을 다루었고, 지질학 분야에서 오랫동안 정설로 여겨오던 육교 이론을 뒤집는 파격적인 가설이었다. 지질학 분야에서 보았을 때 베게너는 명백한 이단아였다.

과학자들은 일반적으로 어떤 문제를 접할 때, 자신의 전문분야를 통해 보는 경향이 있다. 그래서 새로운 이론이 등장하였을 때, 그 이론이 자신의 전문지식과 잘 어울리면 쉽게 받아들이지만, 그렇지 않으면 대부분 격렬히 반대한다. 특히 지질학은 관찰의 학문이고, 대부분의 연구는 좁은 지역에서 이루어진다. 게다가 야외 관찰을 바탕으로 문제점을 파악하고, 관찰 가능한 증거를 동원하여 문제를 풀어가는 특성이 있는 지질학의 경우는 연구자가 얼마나 올바른 지식과 생각을 가지고 자연을 관찰하느냐에 따라 연구 결과에 큰 차이가 있을 수밖에 없다.

베게너는 자신의 이론에 대한 공격에 대해서 적극적으로 대응하는 성격이 아니었다. 연구할 시간도 부족했지만, 지질학 분야에서 쏟아지는 논문을 모두 읽고 그에 대한 반론을 제기한다는 것도 불가능했다. 사실 다양한 분야의 학자들이 자신들의 전문성을 무기로 대륙이동설을 공격해 왔기 때문에 어디에서부터 어떻게 대처해야 할지 판단하기도 어려웠을 것이다. 베게너는《대륙과 해양의 기원》의 마지막 개정판인 제4판 (Wegener, 1929)에서 다음과 같이 자기의 이론을 비난하는 사람들에게 소극적이지만 의미 있는 질문을 던졌다.

"진리란 어디에 있는 것일까? 지구는 어느 한순간 오로지 한 모습만 보여 준다. 게다가 지구는 어떤 내용도 쉽게 알려 주지 않는다. 지구를 연구하는 일은 마치 묵비권을 행사하는 피고를 상대로 판결을 내려야 하는 판사의 일과 같다. 우리는 모든 가능한 정황을 판단하여 그로부터 진실을 밝혀내야 한다. 단편적인 증거만 가지고 판결을 내리는 판사를 당신들은 어떻게 평가하겠는가? 지구과학자들은 아직도 풀어야할 문제를 충분히 이해하지 못하고 있는 것 같다. 그들은 지구의 과거를 밝히기 위한 노력을 더욱 기울여야 한다. 그러한 문제를 해결하기 위해서 지구과학자들은 가능한 모든 증거들을 모아서 종합적으로 해석해야 할 것이다"

1970년 판구조론의 등장과 함께 대륙이동설이 받아들여진 후, 1973년 옥스퍼드대학교의 앤서니 할람(Anthony Hallam) 교수가 쓴 아래의 글에서 달라진 베게너에 대한 평가를 볼 수 있다.

"대륙이동설이 받아들여지지 않았던 이유는 베게너가 지질학회에 정식으로 가입한 회원이 아니라는 데 있었다. 하지만 그것이 베게너에게는 오히려 행운이었다. 베게너가 정통 지질학 교육을 받지 않았기 때문에 기존 지식에 얽매이지 않고 자신만의 자유로운 사고를 할 수 있었던 것이다. 베게너는 학문적 재능과 통찰력을 갖춘 학자로서 역사상 위대한 과학자의 반열에 올려야 한다."

베게너가 죽은 후에도 대륙이동설을 변함없이 지지한 사람들이 있었는데, 대표적인 학자로 미국의 레지날드 데일리와 남아프리카공화국의 알렉산더 두 토와, 영국의 아서 홈스(Arthur Holmes)였다. 일반적으로는 지구물리학자들이 지질학자들에 비하면 우호적이었고, 아프리카와 남아메리카 등 남반구에서 연구하던 학자들이 대륙이동설을 더 지지하였다.

레지널드 데일리는 미국 지질학자 중에서 대륙이동설에 가장 우호적인 사람이었다. 원래 수학을 전공했지만, 지질학에 흥미를 가지고 공부하여 하버드대학교의 교수가 되었던 데일리는 야외조사를 중심으로 하는 연구보다는 지질학의 어려운 문제를 해결하는 데 주력하였다. 그는 화성암과 화산에 관심을 가졌고, 특히 마그마의 기원을 밝히기 위해 노력을 기울였다. 그는 세계적으로 유명한 화산—하와이, 사모아, 세인트헬렌, 아순시온—을 연구하여 1914년《화성암과 그 기원》이라는 저서를 발간하였다.

그 무렵, 지구는 맨 바깥쪽의 지각과 그 아래의 맨틀, 그리고 가장 깊은 곳은 핵으로 이루어졌다는 생각이 등장하였다. 데일리도 깊어짐에 따라 온도가 올라간다는 사실로부터 40킬로미터보다 깊은 곳은 모두 녹아 있으리라고 추정하였다. 이는 맨틀이 녹은 상태라는 이야기인데, 그럼에도 불구하고 지표면이 흔들거리지 않고 S파가 통과하는 것은 맨틀이 유리와 같은 특성을 가지기 때문이라고 생각했다. 그리고 현무암질로 이루어진 맨틀 물질이 윤활유 역할을 하면 대륙이 수평으로 이동하는 것이 가능하다고 추정하였다. 데일리는 대륙이동설을 가능성이 높은 가설로 받아들였다. 왜냐하면, 그 가설은 지구에서 관찰되는 다양한 현상을 잘 설명해 주기 때문이었다.

데일리는 이러한 지구내부 구조를 지향사(64쪽 참조)와 연결시켰다. 대륙의 가장자리에 위치한 지향사에 퇴적물이 두껍게 쌓이면, 그 밑에 있는 대륙지각이 눌리게 되고 언젠가는 눌린 지각의 일부가 맨틀 속으로 무너져 내린다는 것이다. 이러한 생각은 현재 판구조론에서 판이 맨틀 속으로 들어간다는 개념(섭입subduction이라고 함, 200쪽 참조)과 비슷하다는 점에서 흥미롭다. 한쪽 대륙이 중력에 의하여 미끄러지면서 지향사 퇴적물을 밀치고 찌그러뜨려 산맥을 만들고, 반대편 대륙 위로 올라타게 된다고 주장하였다. 이처럼 중력에 의하여 지각이 미끄러지는 현상은 베게너의 대륙 이동과 약간 다르지만 개념적으로 비슷하다. 하지만 이러한 데일리의 견해를 미국 학자들은 그다지 좋아하지 않았다.

20세기 전반에 대륙이동설을 가장 열성적으로 지지했던 학자는 남아프리카공화국의 지질학자 알렉산더 두 토와(Alexander L. du Toit)이다. 케이프타운에서 태어난 두 토와는 영국에서 지질학을 공부한 후, 고국으로 돌아와 요하네스버그대학교 교수와 남아프리카 지질조사소 소장을 역임하였다. 1903년에서 1920년까지 남아프리카공화국 여러 지역의 지질도를 만들면서 야외지실학사로서 경력을 쌓았다. 특히, 그는 빙하퇴적층을 주로 조사하여 그 분야의 전문가가 되었고, 1914년에는 호주에서 빙하퇴적층을 찾아내기도 하였다. 이와 더불어 이미 빙하퇴적층의 존재가 알려졌던 인도와 남아메리카 대륙의 자료를 종합하여 일찍이 쥐스가 곤드와나라고 명명했던 대륙 위에 빙하퇴적층의 분포를 그려 넣었다. 두 토와는 이와 같은 빙하퇴적층의 분포를 설명할 수 있는 이론은 대륙이동설밖에 없다고 생각하였다.

이 무렵 하버드대학교의 데일리가 곤드와나 대륙을 연구하기 위하여 남아프리카공화국을 방문했을 때, 두 사람은 자연스럽게 친해지게 되었다. 1923년 데일리와 두 토와는 카네기재단으로부터 연구비를 받아 남아메리카의 브라질, 우루과이, 아르헨티나 일대를 5개월 동안 공동 조사하였다. 남아프리카를 조사할 당시 두 토와는 '자신이 다른 대륙에 와 있다는 것이 믿어지지 않았다'고 기록하였다. 그는 남아메리카에서 아프리카에서 알려진 종류와 똑같은 화석을 발견하였고, 그 화석이 들어 있는 지층들의 쌓인 순서까지도 똑같은 사실에 놀라워했다. 두 토와의 야외조사 능력에 감탄한 데일리는 그를 '세계 최고의 야외지질학자'라고 치켜세웠다. 실제로 베게너가 대륙이동에 관한 지질학·고생물학적 증거를 찾는 과정에서 두 토와의 연구 결과는 큰 힘이 되었었다.

1937년 두 토와는 《떠도는 대륙(Our wandering continents)》이라는 저서(Du Toit, 1937)를 발간하면서 책의 속표지에 '우리 지구를 지질학적으로 이해하는데 기여한 그의 공적을 기리며'라는 문구를 달아 베게너에게 헌정하였다. 이 책은 주로 곤드와나 대륙을 다루었는데, 두 토와는 대륙의 분포에 있어서 베게너와는 약간 다른 생각을 제시하였다. 판게아 대륙 대신에 남반구에는 곤드와나(Gondwana) 대륙을 그리고 북반구에는 로라시아(Laurasia) 대륙을 두고, 이 두 대륙 사이에 테티스해를 두었다. 곤드와나는 일찍이 쥐스가 사용했던 이름을 그대로 썼고, 로라시아라는 이름은 쥐스의 로렌시아(Laurentia: 북아메리카와 그린란드로 이루어진 대륙)와 아시아를 합성하여 새롭게 만들어냈다.

하지만 두 토와의《떠도는 대륙》은 학계에 별다른 영향을 미치지 못했다. 그 이유로 몇 가지를 생각할 수 있는데, 지질학의 중심지라고 할 수 있는 유럽과 미국 학자들이 빙하퇴적층이나 곤드와나 화석의 중요성을 인지하지 못했던 점, 대륙이동설에 대한 반감, 그리고 남반구 학자들의 지질학 실력을 업신여기는 풍조 때문이었다.

게다가 미국의 유명한 고생물학자 심프슨(G.G. Simpson)과 윌리스(Bailey Willis)는 여전히 육교로 화석 분포의 문제를 풀 수 있다는 생각에 집착해 있었다. 당시에는 이미 지각평형이라는 개념이 확고하게 자리 잡아 가벼운 대륙이 해저로 가라앉는 것은 불가능하다는 점을 모두 인식하고 있던 시점이었음에도 불구하고, 윌리스는 해양지각도 겹쳐지면 산맥을 만들 수 있을 것이고 빙하시대에 해수면이 내려가면 파나마 해협과 같은 육교가 생겨날 수 있다고 계속 주장하였다. 그는 실제로 브라질과 아프리카를 잇는 육교의 모습을 제시하였다(그림 3-5).

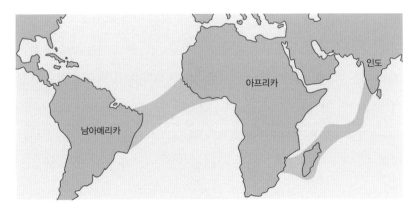

그림 3-5. 지구수축설을 지지했던 학자들이 브라질과 아프리카 대륙 그리고 아프리카 대륙과 인도 대륙을 연결했을 것으로 추정했던 육교.

하지만 두 토와에게 대륙이동설은 너무나 자연스러웠다. 그는 대륙이동이 과학적으로 중요하다는 것을 알았지만, 사람들에게 그 이론을 설득하기가 쉽지 않다는 것을 경험하고 다음과 같은 독백을 남겼다.

"대륙이동설은 정통 지질학의 이론과 근본적으로 다르다. 이 가설을 받아들인다면, 이제까지의 지질학, 고지리학, 지구물리학 교과서는 모두 다시 써야할 것이다. 그러므로 사람들이 대륙이동설을 거부하는 것은 어쩌면 당연할지도 모른다. 하지만 내 생각에는 대륙이 이동하지 않는다는 것은 마치 생물이 진화하지 않는다는 것과 마찬가지다."

두 토와가 남반구에서 대륙이동에 관한 지질학적 증거를 수집하는 데

몰두하고 있을 때, 영국의 아서 홈스는 주로 방사성원소 붕괴에 의해서 일어날 수 있는 지질학적 문제점을 연구하고 있었다. 홈스는 원래 임페리얼칼리지에서 물리학을 전공하였지만, 지질학에 관심을 가지게 된 후 물리학 지식을 지질학에 응용하는 연구로 방향을 틀었다. 그는 레일리(R. J. S. Rayleigh)의 지도를 받아 방사능물질을 이용한 암석연령 측정법을 연구하였고, 나중에 이 분야의 독보적인 존재가 되었다.

홈스도 처음에는 지구수축설을 받아들였었다. 하지만, 방사능에 관한 연구를 계속하면서 지구가 식어가는 것이 불가능하다는 점을 깨달았다. 그는 방사능 붕괴열이 지구내부에 쌓이면 지구 전체가 주기적으로 팽창과 수축을 반복할 수는 있지만, 지속적으로 수축할 수 없다는 가정 아래 지구수축설을 반박하기 시작하였다. 1925년 이후에는 지구수축설을 완전히 부정하고, 방사능 붕괴에 의하여 쌓인 열이 맨틀 대류에 의하여 밖으로 방출되는 과정에서 대류가 수평 이동할 수 있다는 생각을 하면서 대류이동설에 긍정적인 태도를 보이기 시작하였다. 마치 대기의 흐름이나 주전자 속의 끓는 물처럼, 맨틀 물질이 핵 부근에서 데워져 상승한 후 지표 부근에 도달하면 식어 가라앉는다는 생각이 전혀 엉뚱한 것은 아니었다. 그보다 앞서 피셔가 1909년 맨틀 대류의 개념을 제시했고, 특히 1927년 영국 지질학회 회장이었던 불(A. J. Bull)의 산맥 형성과 맨틀 대류를 연관시킨 논문 발표를 듣고 난 후 홈스의 맨틀 대류에 대한 관심은 더욱 커졌다.

1931년 홈스는 대류이동에 관련된 새로운 내용을 발표하였다(Holmes,

그림 3-6. 홈스의 맨틀 대류설. 원래 한 덩어리였던 대륙이 맨틀 대류에 의하여 분리될 수 있음을 보여 주었다.

1931). 그는 논문에서 지구수축설이 옳지 않다는 점을 지적하면서 논문의 초점을 방사능 붕괴에 의해서 쌓인 열이 지구내부에서 대류를 일으킨다면 그 힘에 의하여 대륙이 이동할 수 있다는 점을 제시하였다. 만일 대류의 상승부가 대륙 바로 밑에 있다면, 맨틀 상부에서 양쪽으로 이동하는 흐름에 의하여 대륙이 갈라지는 것이 가능하다고 생각하였다. 대륙이 갈라지는 곳을 따라 올라온 마그마가 굳어 가라앉으면 새로운 해양이 형성된다는 것이다. 그리고 대륙의 반대편에서는 대류의 하강에 의한 횡압력이 작용하여 두꺼운 산맥이 형성된다는 논리를 전개하였다. 홈스는 대류의 이동속도가 1년에 5센티미터일 것으로 추정하였고, 그러면 대서양이 열린 것은 1억 년 전 무렵일 것이라고 제안하였다.

홈스는 대류에 의하여 대륙이 갈라지고 이동할 수 있다는 이론을 1944년 발간된 그의 유명한 지질학 개론서 《물리지질학의 원리(*Principles of*

Physical Geology)》(Holmes, 1944)에 소개하였지만 그다지 주목을 받지 못했다. 대륙이동을 옹호하는 학자들은 맨틀 대류를 가장 그럴듯한 원동력으로 생각했고 일부 반대론자들까지도 가능하다는 생각을 했지만, 그래도 사람들은 이 이론을 받아들이기를 주저하였다. 실제로 당시 지질학자들은 홈스의 맨틀 대류설과 제프리스의 지구 모델 사이에서 고민을 했다. 두 사람 모두 물리학에 바탕을 두고 지구 모델 문제에 접근했지만, 상반된 견해를 보였기 때문이다. 제프리스의 지구 모델은 깊은 곳까지도 전혀 움직일 수 없는 고체덩어리였고, 서서히 수축해야했기 때문에 대륙이동은 근본적으로 불가능했다. 반면, 홈스의 모델은 얇은 지각에 방사능 붕괴에 의하여 맨틀이 데워지면 대륙이동이 가능한 지구였다. 두 사람 모두 자신의 가정 위에서 자신의 지구 모델을 제시했지만, 어느 누구도 어떤 모델이 맞는지 확신할 수 없었다. 홈스의 다음과 같은 고백에서 당시 과학자들의 고민을 엿볼 수 있다.

> "맨틀 내에서 대류는 정말 일어날까? 대류가 일어난다면, 대륙을 가를 수 있을 정도로 힘이 셀까? 그리고 갈라진 후에도 대륙을 수평으로 계속 이동시킬 수 있을 만큼 대류는 지속될까?"

베게너가 그린란드에서 잠들고 난 이후에도 대륙이동에 관한 지지자들과 반대자들은 지구에 관한 논쟁에서 평행선을 달렸다. 그렇지만 미국과 유럽에서 대륙이동에 관련된 직접적인 연구는 거의 이루어지지 않았다. 사실 1940년대는 제2차 세계대전과 그 후유증에 시달렸기 때문에 지질학뿐만 아니라 거의 모든 과학 분야에서 연구 활동은 지지부진했다.

4장   바다 밑에 숨겨진 비밀

1945~1970

제2차 세계대전이 끝난 후, 지구과학자들은 지구 전체를 다루는 이론에는 별다른 관심을 보이지 않고, 자신의 연구 분야와 관련된 지엽적인 문제에만 매달렸다. 학자들은 대부분 오랜 이론인 지구수축설에 의존한 연구를 계속하였고, 맨틀 대류와 같은 주제에 관심을 보인 사람은 거의 없었다. 1950년대와 1960년대에 지구과학의 여러 분야에서 이루어진 연구들은 겉보기에는 서로 아무런 관련이 없는 것처럼 보였다. 그 당시 과학자들은 자신이 진행하고 있는 연구가 머지않아 지구를 통합하는 새로운 이론의 탄생에 기여하리라는 생각은 전혀 하지 못한 채 자기만의 세계에 빠져 있었다. 마치 숲 속을 돌아다니며 나무 하나하나는 자세히 보면서도 숲을 보지 못하는 것과 같았다.

해양학, 뿌리를 내리다

20세기 전반의 지질학은 땅(대륙)을 연구하는 학문이었다. 지구 표면의 70퍼센트를 차지하는 바다 밑은 접근 불가능한 미지의 세계였기 때문이다. 당시의 과학기술로 바다 밑을 들여다 볼 수 있는 방법이 없었다. 일찍이 19세기 전반, 찰스 라이엘도 그의 저서 《지질학원리》에서 바다를 연구할 수 없는 점을 아쉬워했다.

"우리가 바다 속을 연구할 수 있다면 지구 연구는 훨씬 쉬워질 것이다. 만일 우리 인류와 같은 지적 능력을 가지고 육지뿐만 아니라 바다에서 도 살 수 있는 생명체가 있다면, 자연현상을 쉽게 설명할 수 있는 지구 이론을 찾아냈을 것이다."

약 2세기가 지난 지금, 우리는 라이엘이 바랐던 일을 실현시켰다. 21세 기를 살아가는 우리는 지금 인공위성을 이용하여 바다 곳곳을 모니터링 하고 있고, 잠수정을 타고 내려가 바다 밑을 관찰할 수 있게 되었기 때문 이다.

19세기 후반 영국과 미국이 경쟁적으로 대서양 탐사를 벌이면서 해양 에 대한 관심이 고조되었다. 대서양 심해에 관한 연구는 1872년 영국 해 양탐사선 챌린저(Challenger)호의 출범으로 시작되었다. 챌린저호의 주 임 무는 대서양의 수심을 측정하는 일이었는데, 사람들이 피아노 줄을 내려 깊이를 측정하는 원시적 방식이었기 때문에 피아노 줄을 내리고 올리는 데 시간이 많이 걸렸다. 3년을 탐사하여 겨우 300지점의 수심을 측정하 였을 뿐이다. 그럼에도 불구하고 대서양 중앙에 길게 뻗은 산맥이 있다 는 사실을 알아낸 것은 정말 놀랄만한 일이었다. 대서양 밑에 산맥이 있다는 연구 결과는 곧바로 전설로 내려오던 대륙 아틀란티스를 찾을 수 있다는 환상으로 연결되었고, 그 산맥이 대륙과 대륙사이를 연결했던 육교일 가능성이 있다는 관점에서 지구수축설에 힘을 실어 주었다.

얼마 전 영화로 재현되었던 1912년 호화여객선 타이타닉호의 침몰 원인은 대서양을 떠돌던 빙산과 충돌했기 때문이었다. 그 후, 같은 재앙이 일어나지 않도록 하기 위해서 음향파를 이용하여 빙산의 위치를 탐지하는 기술이 개발되었다. 1914년 제1차 세계대전이 일어나면서 대서양에는 빙산보다 더 위험한 것이 나타났는데, 그것은 독일의 잠수함 U보트였다. 그래서 빙산을 찾는 데 사용했던 음향파 탐지기술은 자연스럽게 잠수함 탐지를 위한 기술개발로 이어졌고, 그 결과 성능이 좋은 음향탐지기가 등장하였다. 특히 이 연구의 중요성을 잘 알고 있었던 미 해군은 음향파 탐지기술 개발에 많은 연구비를 투입하였고, 그 영향으로 미국 내에 두 개의 해양 전문연구기관이 설립되었다. 하나는 1912년에 설립된 미국 샌디에이고 소재의 스크립스 해양연구소(Scripps Institution of Oceanography, SIO)였고, 다른 하나는 1930년 매사추세츠 주에 설립된 우즈홀 해양연구소(Woods Hole Oceanographic Institution, WHOI)였다.

1922년 미국의 해양탐사선 스튜어트(Stewart)호는 성능이 좋은 음향측심기를 이용하여 9일 동안에 900지점을 측정하였다. 19세기 후반, 챌린저호가 3년 동안에 300지점을 측정한 것에 비하면 엄청난 발전이었다. 그러나 더욱 놀라운 탐사결과는 1925년에서 1927년 사이에 독일 탐사선 메테오르(Meteor)가 대서양에서 3만 3000지점을 측정한 일이었다. 음향파 탐사기술은 원래 잠수함을 탐지하기 위해서 개발되었지만, 다른 한편에서는 잠수함을 이용하여 바다 밑을 탐사하려는 노력으로 이어졌다.

네덜란드의 펠릭스 베닝-마이네즈(Felix A. Vening-Meinesz, 1887~1966)는 원래 공학을 전공한 학자이지만, 우트레히트(Utrecht)와 델프트(Delft) 대학교에서 측지지구물리학 교수로 활동하였다. 그는 자신이 개발한 중력측정기를 이용하여 1923년 최초로 잠수함에서 바다 밑의 중력값을 측정하는 데 성공하였고, 1926년에는 네덜란드에서 파나마 운하를 거쳐 서태평양에 이르는 긴 거리를 항해하면서 자신이 개발한 장비를 시험하였다. 이 탐사로 지각평형의 개념이 대륙뿐만 아니라 바다에도 똑같이 적용될 수 있다는 사실이 확인되자 육교의 존재는 불가능해졌다. 하지만 당시 사람들은 이 연구 결과의 진정한 의미를 알지 못했다. 베닝-마이네즈는 심해의 해구(trench: 바다 밑 깊은 골짜기로 수심 6킬로미터가 넘는 곳)를 따라 중력값이 예상보다 낮음을 발견하였다. 그는 이 현상을 해구 밑에서 무언가 끌어당기는 힘이 있기 때문이며, 그 결과 해구 부근의 대륙지각이 두꺼워져 중력값이 낮다고 해석하였다.

이와 같은 베닝-마이네즈의 활발한 해양 연구에 자극을 받은 미국 학술원에서는 1927년 미국의 해양학이 유럽에 비해 어느 정도 뒤쳐져 있는지 조사하도록 하는 특별위원회를 구성하였다. 그 위원회의 보고서를 바탕으로 해양 연구를 위한 다양한 프로젝트가 생겨났고, 그 성과 중 하나로 록펠러재단의 지원을 받아 1930년 우즈홀 해양연구소가 설립되었다.

1932년 미 해군과 프린스턴대학교의 중력 탐사팀은 베닝-마이네즈를 초빙하여 카리브 해의 해구를 조사하는 연구를 맡겼다. 이 조사팀에 당시 프린스턴대학교 대학원생이었던 해리 헤스(Harry H. Hess, 1906~1969)를 승선시켜 해저 중력에 관한 이론과 실무를 배우도록 하였다. 이때, 헤스는 단지 중력에 관한 내용뿐만 아니라 베닝-마이네즈가 생각하고 있던 지하 내부에서의 대류에 관한 이론도 들었으리라 추정된다. 이 경험이 그 후 30년이 흐른 1960년 헤스가 발표하게 될 해저확장설(168쪽 참조)의 씨앗이 될 줄은 그 누구도 몰랐을 것이다.

1933~1934년에는 영국의 해양 탐사선 존 머레이(John Murray)호가 인도양을 조사하여 그곳에도 해저 산맥―칼스버그(Carlsberg) 해령―이 있음을 확인하였다. 이 탐사에 의하여 칼스버그 해령 중앙에 깊은 골짜기가 있다는 사실이 알려졌고, 그 지형적 특징이 동아프리카의 열곡대(213쪽 참조)와 비슷하다는 것도 알게 되었다. 게다가 특이하게도 지진은 인도양의 중앙을 따라 일어났고, 그러한 현상은 대서양에서도 관찰되었다. 당시 과학자들이 알아채지 못했지만, 이 무렵 해양은 자신의 비밀을 조금씩 드러낼 준비를 하고 있었다.

이처럼 미지의 세계였던 해양의 비밀이 밝혀지는 데는 몇 사람의 뛰어난 과학자들이 한편으로는 헌신적으로 또 다른 한편으로는 경쟁적으로 연구에 매진한 결과였다. 앞으로 개봉될 판구조론이라는 연극 무대의 주인공들을 길러낸 사람은 프린스턴대학교의 리처드 필드(Richard Field, 1885~1961) 교수였다.

필드 교수가 양성한 해양 연구 4총사

필드 교수는 미국 대학에서 지질학 교육방식을 바꾸는 데 크게 기여한 사람으로 알려져 있다. 그는 처음에 매사추세츠 공과대학(MIT)에서 〈지질학개론〉이란 과목을 가르치기 시작했는데, 강의를 잘한다는 소문이 나자 브라운대학교를 거쳐서 프린스턴대학교의 교수로 초빙되었다. 프린스턴대학교에서 처음 시도했던 것은 여름방학을 이용하여 학생들에게 야외학술답사를 경험하게 하는 프로그램이었다. 지질학자들은 야외조사를 필드(field)라고 하는데 그의 이름이 필드(Field)인 점이 이채롭다.

사실 지질학에 가장 쉽게 다가갈 수 있는 방법은 야외에서 암석을 직접 관찰하면서 생각하는 일이다. 이러한 점에서 필드 교수의 시도는 옳았다고 평가할 수 있다. 그는 식당차를 빌려 학생들을 태우고, 미국과 캐나다 일대의 지질학적으로 중요한 지역을 답사하였다. 이러한 전통은 지금까지 이어져 미국의 대학들은 여름 필드 캠프를 운영하고 있다. 필드 교수의 또 다른 업적은 1932년 네덜란드의 측지학자인 베닝-마이네즈를 프린스턴대학교에 초빙하여 해양 연구의 시동을 걸은 점이다. 이 프로젝트에 프린스턴대학교측 연구원으로 해리 헤스가 참석할 수 있었던 것은 바로 필드 교수의 요청에 의해서 이루어졌다.

필드 교수는 당시 육지에 국한되어 있던 지질학의 연구 영역을 바다로 넓혀야 한다는 소신을 가지고 있었다. 그가 그러한 생각을 하게 된 배경에는 하버드대학교 재학 중, 그의 스승이었던 알렉산더 아가시(Alexander

Agassiz)의 영향 때문이었다. 알렉산더 아가시는 19세기 중엽 빙하시대가 존재했다는 사실을 처음 알아냈던 스위스 출신의 과학자 루이 아가시 (Louis Agassiz)의 아들이었다. 루이 아가시는 빙하시대를 알아낸 업적을 인정받아 하버드대학교의 교수로 초빙되긴 하였지만, 그의 원래 전공은 어류학이었다. 아들인 알렉산더 아가시 역시 해양생물을 전공하여 하버드대학교 교수가 되었고, 찰스 다윈으로부터 해양생물뿐만 아니라 해양지질에도 관심을 가져달라는 당부의 편지를 받기도 했다.

1930년대에 필드 교수가 해양 연구의 필요성을 인식하여 직접 또는 간접적으로 해양 연구에 끌어들인 사람 중에는 나중에 판구조론의 무대에서 중요한 역할을 할 네 명의 쟁쟁한 과학자가 있었다. 그들은 위에서 이미 소개한 프린스턴대학교의 해리 헤스 외에 암석 연구에 지진파를 이용하여 새로운 지구물리 탐사기법을 고안한 모리스 유잉(Maurice Ewing, 1906~1974), 고지자기학자인 영국의 에드워드 불러드(Edward Bullard, 1907~1980), 그리고 판구조론의 핵심 이론을 알아낸 캐나다 출신의 존 투조 윌슨(John Tuzo Wilson, 1908~1993)이다.

해리 헤스

해리 헤스는 1906년 뉴욕에서 태어나 그곳에서 고등학교를 졸업한 후, 1923년 예일대학교에 입학하였다. 처음에 전기공학과로 입학하였지만,

곧바로 지질학과로 옮겼다. 1927년 학사학위를 받은 후 헤스는 아프리카 로디시아(Rhodesia)에서 2년 동안 지질조사 경험을 쌓은 후, 1929년 프린스턴대학교에서 대학원 과정을 시작하였다. 원래는 하버드대 대학원으로 진학하려고 했는데, 담배 골초였던 헤스가 하버드대학교를 방문했을 때 곳곳에 붙어 있는 금연 사인을 보고 하버드 진학을 포기하였다고 전해진다. 프린스턴대학교에서 헤스는 당시 최고의 암석학자와 광물학자들의 지도를 받았을 수 있었고, 1932년 버지니아주 슈일러(Schuyler) 지방에 분포하는 감람암에 관한 연구로 박사학위를 받았다. 그 후 2년의 박사후과정을 거쳐서 1934년 헤스는 프린스턴대학교 조교수에 임명되었다.

박사학위를 마치기 전인 1931년 헤스는 필드 교수의 요청에 따라 베닝-마이네즈 박사가 이끄는 서인도제도의 해저중력탐사에 참가하였는데, 그 탐사에 미 해군 잠수함을 동원하였기 때문에 그 연구를 수행하기 위해서 그는 예비역 해군장교에 지원하였다. 그러한 개인적인 배경 때문이었겠지만, 1941년 12월 7일 일본이 하와이 진주만을 공격했다는 뉴스를 듣자마자, 헤스는 곧바로 군에 지원하여 전쟁이 끝날 때까지 해군 장교로 복무하였다. 첫 임무로 북대서양의 적군 잠수함을 탐지하는 일을 맡아 2년 동안 근무한 다음, 헤스는 태평양에 배치된 수송함 USS 케이프 존슨의 함장으로 부임하였다. 그의 함정은 군수품 수송이 주 임무였지만 배에 최신의 음향측심기를 탑재하고, 태평양을 항해하면서 그 성능을 시험하였다. 그는 태평양을 횡단할 때마다 가능하면 새로운 항로를 택하여 음향측심기를 이용한 해저 지형을 탐사하였다. 그는 훌륭한 군인이기도

그림 4-1. 기요. 해수면 아래에 잠겨있는 산 중에서 정상부분이 평평한 산.

했지만 또한 타고난 과학자였다. 제2차 세계대전이 끝날 무렵, 헤스는 태평양 바다 밑에 잠겨 있는 꼭대기가 평평하게 생긴 이상한 모양의 산을 100개가량 찾아냈다. 나중에 그는 이 바다 밑에 있는 특이한 산에 기요(guyot)라는 명칭을 주었는데(그림 4-1), 이는 프린스턴대학교 최초의 지질학 교수였던 아놀드 기요(Arnold H. Guyot)를 기리기 위함이었다.

모리스 유잉

모리스 유잉은 1931년 미국 지구물리연맹 학술회의에서 탄성파를 이용한 석유탐사 기법에 관한 논문을 발표하였다. 마침 그 자리에 있었던 필드 교수는 유잉의 논문 발표를 듣고 난 후, 탄성파 탐사기법을 이용하면 바다 밑을 조사할 수 있겠다고 생각했다. 1934년 필드는 미국 연안측지조사소로부터 해양탐사를 위한 연구비로 2,000달러를 확보한 후, 미국 펜실베니아 주 베들레헴에 있는 리하이대학교(Lehigh University)를 찾았다. 그곳을 찾은 이유는 3년 전 탄성파 탐사기법을 발표했던 유잉이 그 대학에 있었기 때문인데, 당시 유잉은 학부과정의 물리학을 가르치면서 힘겹게 살아가고 있었다. 그 무렵은 경제공황 시절이었기 때문에 시골의 작은 대학 교수가 연구비를 받기란 하늘의 별따기였다. 그래서였는지 모르겠지만 그 무렵 유잉이 쓴 논문 중에는 〈자력 측정에 의하여 흙 속에 묻힌 삽 찾기〉와 같은 희한한 제목도 있었다. 필드는 유잉에게 탄성파 탐사기법을 이용하여 대륙붕의 지하구조를 알아내는 것이 가능한지 물었다. 이 제안을 받은 유잉은 배와 간단한 장비만 있으면 충분히 가능하다고 답변했다. 훗날 유잉이 그때를 회상하면서 한 말에서 당시 그의 절박했던 심정을 엿볼 수 있다. "그분들이 바다가 아니라 달에 지진계를 설치해 달라고 해도 나는 응했을 것이다. 나는 그 당시 연구에 목말라 있었다."

1906년 텍사스 북부의 시골에서 가난한 농가의 장남으로 태어난 모리스 유잉은 경제적으로 어려운 유년시절을 보냈다. 하지만, 운 좋게도 휴스턴 소재 라이스대학교(Rice University) 전기공학과에 진학하였고, 대학원에서 전공을 물리학으로 바꾸어 박사학위를 취득하였다. 대학원 재학 시절 아르바이트로 루이지애나 해안지역에서 석유탐사하는 일을 도왔는데, 진흙 속에 폭약을 넣어 폭발시킨 다음 이동식 지진계에 기록된 탄성파 자료를 회수하는 일이었다. 그는 이 경험을 살려서 박사학위 논문도 탄성파를 이용한 문제를 다루었고, 마침 필드 교수의 눈에 띄어 새로운 세계에 발을 들이게 되었다.

필드는 원래 유잉을 프린스턴대학교로 데려가려고 하였지만, 대학으로부터 자리를 얻지 못하였다. 그 무렵 베닝-마이네즈와 함께 해양 중력 탐사를 하고 있던 해리 헤스에게 조교수자리를 주어야 했기 때문이었다. 필드는 헤스가 지구물리 탐사기법도 알기를 바랐고, 그래서 헤스를 유잉에게 보내어 지구물리 탐사기법을 배우게 했다. 유잉과 헤스는 나이도 같았고(유잉이 12일 먼저 태어났다.) 학부과정에서 모두 전기공학을 전공한 공통점이 있었기 때문에 처음에는 동료로 친해졌지만, 먼 훗날 적대적 경쟁 관계로 발전하게 된다. 그로부터 30년이 흐른 1960년대 초, 두 사람은 새롭게 태어난 대륙이동의 찬반 논쟁에서 서로 다른 견해를 지지하는 집단을 대표하는 위치에 서서 첨예하게 대립하였다.

1935년 10월, 유잉은 버지니아 주 앞바다에서 지진파 탐사를 시작하였다. 지진파 탐사를 위해서 미국 연안측지조사소의 조사선 오셔노그래퍼(Oceanographer) 호에 승선하였지만, 그 배의 주 임무는 일반적인 해양 자료를 얻는 일이었기 때문에 지진파 탐사 실험을 하기에 적합하지 않았다. 그래서 유잉은 필드를 찾아가 자문을 구하였고, 필드는 우즈홀 해양 연구소 소장에게 도움을 청하였다. 우즈홀 해양연구소의 연구원들은 바다에서 다이너마이트를 폭파시켜도 안전하다는 것을 확인한 다음, 유잉을 탐사선인 아틀란티스 호에 승선시켰다. 탐사선 뒤에 지진파 기록장치를 매달고 화약을 수심 180미터 깊이에서 폭파시켜 바다 밑을 반사한 후 돌아오는 지진파 자료를 수집하였다. 지진파 탐사에 의해서 얻은 유잉의 첫 번째 연구 결과는 대륙붕 위에 두께 3,600미터의 두꺼운 퇴적물이 쌓여 있다는 내용이었는데, 당시에는 왜 대륙붕에 그처럼 두꺼운 퇴적층이 쌓였는지 이해하지 못했다. 유잉은 그 후 매년 여름철 지진파 탐사를 계속하면서 탐사장비의 성능을 개량해나갔다.

모리스 유잉은 우즈홀 해양연구소로부터 전쟁과 관련된 연구를 해달라는 요청을 받고, 1940년 말 리하이대학교를 사직하고 우즈홀 해양연구소로 옮겼다. 처음에는 바다에서 지진파 전파와 관련된 연구를 맡았는데, 미국이 제2차 세계대전에 본격적으로 참전하면서 미 해군으로부터 전쟁 관련 연구 분야의 책임자로 초빙을 받았다. 이 과정에서 지진파 탐사의 최고 권위자라는 명성을 얻은 유잉은 컬럼비아대학교로부터 지구물리학 교수자리를 제의받았고, 그 제안을 받아들여 1944년 컬럼비아대학교로 자리를 옮겼다.

1947년 유잉은 미국 지리학회의 의뢰를 받아 대서양 중앙해령 주변에 대한 지진파 탐사를 수행하였다. 그런데 탐사에 의하여 밝혀진 내용은 중앙해령 부근의 퇴적층이 예상과 달리 무척 얇다는 결과였다. 당시 과학자들은 30억 년 넘도록 대륙이 침식되어 그 퇴적물이 바다에 쌓였다면, 바다 깊은 곳에는 두께 수십 킬로미터의 퇴적층이 쌓여 있을 것으로 추정하고 있었다. 그래서 만일 깊은 바다 밑을 시추하여 그곳의 퇴적물을 뽑아 올리면, 지난 30억 년의 지구 역사가 그 속에 고스란히 기록되어 있을 것으로 기대하고 있었다. 그런데 탐사 결과, 심해 퇴적층의 두께가

1킬로미터보다 얇았기 때문에 과학자들은 놀랄 수밖에 없었다.

한편, 유잉은 대서양 중앙해령에서 퇴적물을 얻기 위한 시추를 시도했는데, 기계가 고장 나는 바람에 시추를 할 수 없었다. 그래서 그는 저인망 그물처럼 생긴 준설기를 바다 밑에 내린 다음 몇 시간 동안 끌고 다닌 후 준설기를 끌어올렸는데, 그 속에는 퇴적물이 아니라 엉뚱하게도 현무암 덩어리가 올라왔다. 게다가 이 암석은 생성된 지 얼마 되지 않은 것처럼 신선했다. 그렇다면 해령에는 퇴적층이 없단 말인가? 당시 승선했던 과학자들은 그 이유를 도무지 알 수 없었다.

1940년대 후반은 전쟁이 끝난 지 얼마 되지 않은 때였기 때문에 대학의 예산이 충분치 않았다. 그래서 뉴욕 맨해튼에 있던 컬럼비아대학교 지구물리학 연구실은 시설이 망가져도 고칠 재원이 없었다. 어떤 실험실은 지붕에 구멍이 뚫려 있기도 했고, 시설도 대부분 낡아 쓸 만한 것이 거의 없었다. 유잉은 지나친 강의 부담과 열악한 연구 시설에 심신이 지쳐서 학교를 그만두려고 마음먹고 있었다. 그 무렵, 월스트리트의 재력가였던 토마스 라몬트(Thomas Lamont)의 부인이 1948년 남편이 죽은 후 허드슨 강변에 있던 그들의 별장을 컬럼비아대학교에 기증하였다. 대학에서는 유잉에게 그 건물을 연구실로 제공해 주는 한편, 기증자의 이름을 따서 라몬트(Lamont) 지질연구소를 설립하도록 도와주었다. 이에 활력을 찾은 유잉은 온실은 장비보관실로, 차고는 시료저장실로, 실내수영장은 시험탱크로, 그리고 침실은 유잉의 연구실로 바꾸어 연구에 박차를 가하였다. 당시 대학으로부터 재정 지원을 기대할 수 없었기 때문에 연구소는 스스로 운영비와 연구비를 충당해야 했는데, 다행스럽게도 유잉이 그동안 전쟁 관련 연구에서 얻은 명성 덕분에 라몬트 지질연구소는 미 해군으로부터 충분한 연구비를 확보할 수 있었다. 유잉은 지진파를 이용한 해양 연구에 심혈을 기울였고, 그 결과 라몬트 지질연구소는 짧은 기간 내에 세계 최고의 해양연구소로 발돋움하게 되었다.

에드워드 불러드

에드워드 불러드가 필드 교수를 처음 만난 것은 1936년이었는데, 그때 필드는 불러드에게 '현재 지질학의 최대 약점은 땅만 연구한다는 점이며, 지구 표면의 3분의 1을 차지하는 대륙만 연구하여 지구에 관한 내용을 알아낸다는 것은 불가능하다.'는 점을 역설했다고 한다. 당시 필드 교수는 지구를 제대로 이해하기 위해서는 연구 영역을 바다로 확대해야한다는 확고한 믿음을 가지고 있었다. 이러한 필드 교수의 열정에 감명을 받은 블러드는 "필드 교수는 마치 구약성서에 나오는 예언자 같았다. 그는 확신에 차 있었고, 지구과학이 나아가야할 방향을 정확히 알고 있었다."라고 회고하였다. 불러드는 유잉과 함께 현대 해양지구물리학의 선구자로 알려져 있다.

불러드는 1907년 영국의 노리치(Norwich)에서 태어났다. 케임브리지대학교에 진학하여 물리학을 전공한 다음, 대학원에서는 캐번디시 실험실에서 핵물리학 분야의 연구를 수행하였다. 당시 케임브리지대학교에서는 측지지구물리학과를 설립하여 이 분야에 대한 연구를 활성화하려는 움직임이 있었다. 측지 분야에는 르녹스-커닝햄(Lenox-Conyngham) 교수가 지구물리학 분야에는 당시 촉망받던 젊은 물리학자 해롤드 제프리스가 교수로 임명되었다. 르녹스-커닝햄은 인도에서 오랫동안 측량소장으로 근무하다가 1921년 귀국하여 케임브리지대학교의 측지학 교수가 된 후 측량분야를 키우려는 목표를 가지고 있었고, 제프리스는 1931년에 지구물리학 교수로 임명되었다. 르녹스-커닝햄은 측지학 분야에도 제프리스와 겨룰만한 젊은이를 키워야겠다고 생각하고, 어느 날 교수식당에서 물리학과의 러더포드 교수와 함께 식사하면서 장래가 촉망되는 젊은이를 한 명 추천해달라고 부탁했다. 이때 러더포드는 불러드를 추천했는데, 불러드에게 핵물리학으로는 취업하기 어려우니까 전공을 바꾸는 것도 괜찮을 것이라고 권유하였다고 한다.

러더포드의 제안을 받아들여 측지학으로 전공을 바꾼 불러드는 박사학위 논문 주제로 동아프리카 열곡대의 중력 연구를 택하였고, 아프리카 대륙의 지각열류량을 측정하는 연구도 함께 수행하였다. 탄탄한 물리학으로 무장한 불러드는 몇 년 동안 독자적인 연구 끝에 지구과학 분야에 새로운 기운을 불어넣었다.

1937년 블러드를 초청한 필드 교수는 불러드를 이곳저곳 데리고 다니면서 지질과 관련된 내용을 소개했고, 모리스 유잉이 주도하고 있던 해양탐사선에도 승선시켰다. 이 짧은 기간의 경험을 통하여 불러드는 해양지구물리 연구가 새로운 과학으로 중요하겠구나하는 점을 충분히 깨우쳤다. 당시 영국에서는 해양지구물리 연구가 이루어지지 않았고, 그래서 영국으로 돌아온 불러드는 곧바로 대륙붕 탐사를 위한 청사진을 마련하였다. 그러나 폭파장치와 수신기를 바다 밑에 설치했던 유잉과는 달리 블러드는 그 장비를 배 후미에 매달아 끌고 가면서 연속적으로 자료를 기록하는 새로운 방식을 택하였고, 이 기술은 지금도 그대로 사용되고 있다.

존 투조 윌슨

존 투조 윌슨은 1908년 캐나다의 오타와에서 태어났다. 고등학교와 대학시절 여름이면 캐나다 북부 산림지대에서 나무 자르는 일을 아르바이트로 하였고, 토론토대학교 1학년 때는 케임브리지대학교 출신 지질학자인 오델(Noel Odell)의 야외조사에 조수로 따라다녔다. 윌슨은 원래 물리학을 전공하려고 마음먹고 있었는데, 오델의 영향을 받아 물리학 대신 야외활동을 하는 지질학을 택하는 것도 괜찮겠다고 생각하였다. 당시 똑똑한 학생인 윌슨이 지질학을 하려고 한다는 소식을 들은 물리학과 교수들은 매우 실망했다고 전해지는데, 그래서인지 모르지만 윌슨은 지질학과 물리학을 복수 전공으로 택하여 졸업했다.

대학을 졸업한 후, 윌슨은 케임브리지대학교에서 대학원과정을 시작하였다. 케임브리지에서 2년 과정을 마친 후 캐나다로 돌아왔지만, 그 무렵은 경제공황으로 취업이 어려웠기 때문에 특별히 할 일을 찾지 못하고 있었다. 그때 박사학위를 취득하라는 주위의 충고를 받아들여 프린스턴 대학교의 박사과정에 진학하였다. 필드의 지도로 연구를 시작한 윌슨의 박사학위 논문 주제는 몬태나 주 베어투스 산맥(Beartooth Mountains) 주변의 지질에 관한 연구였다. 윌슨의 연구 과제는 항공사진에서 지질학적 특징을 파악한 다음, 야외에서 대규모 단층 구조를 밝히는 일이었다.

박사학위를 받은 후, 캐나다로 돌아온 윌슨은 캐나다 지질조사소에 자리 잡았고 그로부터 10년 동안 캐나다 여러 곳을 조사하였다. 어찌 보면 평범한 경력의 소유자인 윌슨이 나중에 판구조론 탄생 과정에서 중요한 역할(184~194쪽 참조)을 한 것을 보면, 이 무렵의 윌슨은 마치 때를 기다리며 낚싯줄을 드리우고 있던 중국 주나라의 강태공을 연상시킨다.

심해 연구의 메카: 라몬트 지질연구소

미국은 1930년대의 경제공황과 1940년대 제2차 세계대전을 겪으면서도 과학 분야, 특히 해양학 분야에 엄청난 투자를 하였다. 미국은 국방연구위원회를 만들어 군이 직접 연구 계약을 체결할 수 있는 통로를 마련해주었고, 그 결과 전쟁 관련 연구비가 1940년 1억 달러에서 1946년 16억 달러로 크게 증가하였다. 이러한 투자는 대학에서 해양 연구의 붐을 일으켜 우즈홀 해양연구소의 경우 60명이었던 직원이 350명으로 불어났고, 스크립스 해양연구소의 규모도 크게 확장되었다. 이러한 양적 팽창이 곧바로 과학적 결실로 이어진 것은 아니지만, 이 해양연구소들의 활발한 연구 활동은 1960년대 후반 판구조론이라고 하는 새로운 이론을 탄생시키는 밑거름이 되었다.

해양학 분야의 투자에 발맞추어 1950년대에 들어서면서 심해에 관한 연구가 활발해졌다. 그중에서도 라몬트 지질연구소의 활약이 돋보였는데, 이는 소장인 모리스 유잉의 엄청난 노력 덕분이었다. 그 무렵 해양 탐사를 위해 이곳저곳에서 배를 빌리는 데 지쳤던 유잉은 1953년 대학에 요청하여 해양 연구를 위한 전용 탐사선을 구입하였다. 원래 레저용 요트로 만들어졌던 배를 개조하여 탐사장비를 장착한 다음 비마(Vema)라는 이름을 붙였다. 유잉은 비마호를 이용하여 대서양의 해양 관측과 지진파 탐사에 박차를 가했고, 해저 퇴적물 시료를 끌어올리는 데도 힘을 쏟았다.

탐사 초창기에 얻은 결과 중에서 주목할 만한 내용은 심해저 지진파 탐사에 의하여 태평양과 대서양 해양지각의 두께가 약 6킬로미터로 대륙지각에 비하여 무척 얇다는 결과였다. 당시 학자들은 대서양 해양지각이 대륙지각과 태평양 해양지각의 중간쯤에 해당하리라고 예측하고 있었는데, 전혀 다른 결과였다. 유잉은 심해 연구의 초점을 대서양 중앙해령에 맞추었다. 당시만 해도 대서양 중앙해령에 대해서 알려진 내용이 거의 없었기 때문이었다. 대서양 중앙해령에서 암석시료를 끌어올렸는데 놀랍게도 올라온 암석은 현무암과 사문암 같은 화성암 덩어리였다. 당시 학자들은 왜 해령에서 현무암 덩어리가 올라오는 것인지 이해할 수 없었다.

이 놀라운 탐사 결과를 토의하기 위한 학술회의가 1953년 영국 왕립 협회에서 열렸다. 어떤 학자는 현무암과 사문암 밑에 예전에 가라앉은 대륙이 있을 것이라고 주장했다. 하지만 불러드는 대륙지각의 모호면이 해양지각의 모호면과 그대로 연결된다는 점을 들어 해령 밑에 대륙지각이 있을 가능성은 거의 없다고 답변하였다.

해리 헤스도 그 회의에 참석하여 대서양 중앙해령에 관한 자신의 생각을 발표하였다. 맨틀에서는 대류가 일어나며 상승하는 대류를 따라 현무암 용암이 중앙해령에서 분출하는데, 이때 맨틀의 주성분인 감람암 덩어리들이 함께 올라온다는 것이다. 해령이 주변에 비해 높이 솟은 이유는 상승하는 대류와 높은 온도로 밀도가 낮아진 현무암, 감람암이 물과 만나면 사문암으로 바뀌기 때문이라고 설명하였다. 박사학위 논문의 주제로 감람암을 연구했던 헤스는 맨틀 암석인 감람암이 섭씨 약 500도의 온도에서 물과 만나면 좀 더 가벼운 사문암으로 바뀐다는 것을 알고 있었다.

1950년대 라몬트 지질연구소는 탐사선 비마호를 1년 내내 가동하면서 연구를 진행하였다. 지구물리 자료를 수집하고, 대서양 바다 밑을 시추하여 퇴적물을 끌어올리며, 대학원생들의 연구를 독려하고, 잠을 설쳐가면서 유잉은 그의 모든 에너지를 연구에 쏟아 부었다. 그는 일벌레였고, 그래서였는지는 모르지만 결혼도 하지 않았다. 몇 년에 걸친 그의 엄청난 노력 덕분에 라몬트 지질연구소는 심해 해양 연구의 메카로 떠올랐다. 그 결과 심해와 관련된 새로운 이론이 발표되면 반드시 라몬트 지질연구소의 검증을 거쳐야만 인정받는 단계에 이르렀다.

유잉은 짧은 기간 내에 세계 최고의 해양연구소를 만든 위대한 업적을 쌓았지만, 앞으로 등장할 판구조론의 탄생 과정에서 그의 역할은 미미하다. 그 이유는 지구물리학자였던 개인적인 성향 때문인데, 그는 지질학자들이 지나치게 지엽적인 문제에 매달린다는 점을 싫어했고 그래서 지질학자들이 선호하는 대륙이동이라는 개념 자체를 싫어했다.

특히 유잉은 해리 헤스와 사이가 나빴는데, 헤스가 대서양 중앙해령이 확장된다는 논문을 발표하고 난 후에는 둘 사이가 더욱 벌어졌다. 유잉은 헤스의 가설을 묵살하고, 1959년 열린 제1차 국제 해양학회에서도 해령 밑에서 언젠가는 퇴적암으로 만들어진 습곡산맥이 발견될 것이라고 주장하였다. 유잉과 헤스는 곳곳에서 첨예하게 대립하였다. 해구(trench)의 성인에 관한 설명에서 헤스는 해구가 해양지각이 미는 작용에 의하여 만들어졌다고 해석한 반면, 유잉은 해구를 중심으로 지각이 서로 멀어지는 작용에 의하여 생겨났다고 엇갈린 주장을 펼쳤다. 두 사람의 관계를 단적으로 보여 주는 표현을 헤스의 유잉에 관한 다음과 같은 평가에서 찾아 볼 수 있다. "유잉은 해양에 관한 연구에서 가장 많은 자료를 가지고 있으면서도 가장 적게 공헌한 사람이다."

유잉은 지각이 움직이지 않는다고 고집했지만, 시간이 흐르면서 라몬트 지질연구소의 연구원 중에서 유잉의 생각에 거스르는 사람들이 나타나기 시작한다. 그 대표적인 학자가 브루스 히젠(Bruce Heezen, 1924~1977)이었다. 고생물학에서 해양지구물리학으로 전공을 바꾼 히젠은 연구 과제로 미 해군이 보유하고 있던 음향측심 자료를 종합하여 대서양의 해저지형도를 만드는 일을 맡았다. 히젠은 지도 작성 전문가인 마리 타프(Marie Tharp)와 함께 지도를 만들어가는 도중에 대서양 중앙해령을 따라 깊은 골짜기가 나타나는 것을 보고 무척 놀랐다고 한다. 처음에는 무언가 잘못된 것이라고 생각했다. 그 무렵 히젠은 대서양 횡단 전화케이블의 파손 가능성에 관한 연구 프로젝트도 맡게 되어 대서양에서 얼마나 많은 지진이 발생하는지 알아야 했다. 그 일을 빨리 마치기 위해서 타프가 작성 중인 대서양 지도에 지진이 일어난 지점을 표시하기 시작하였는데, 지진이 발생한 지점들이 대부분 대서양 중앙해령에 몰려 있는 이상한 결과를 얻게 되었다.

히젠으로부터 그 결과를 보고받은 유잉은 직감적으로 그 자료가 중요하다는 것을 알았다. 유잉은 히젠에게 모든 해양의 지진 자료를 모아 지도에 표시하도록 지시하였다. 그 결과는 무척 놀라웠다. 지진이 일어난 지점이 대서양 중앙해령뿐만 아니라 인도양을 거쳐서 태평양의 가운데에 몰려 있었기 때문이었다(그림 4-2). 유잉과 히젠은 그 연구 결과로부터 해양에서 지진이 일어나는 위치와 해령이 일치할 것이라는 예측을 1956년 미국 지구물리연맹 학술발표회에서 발표하였는데, 당시 참석자들 대부분은 그 결론을 미심쩍어 했다고 한다.

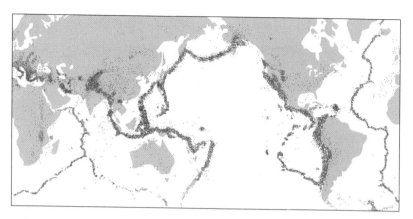

그림 4-2. 1960년대에 일어났던 지진의 위치(진앙)를 표시한 지도.

히젠은 타프와 함께 만든 대서양 해저지형도를 논문으로 발표하고 싶어 했다. 그런데, 해저지형 연구 과제는 미 해군의 지원을 받아 이루어졌고, 해군에서는 해저지형도를 비밀문서로 분류했기 때문에 등심선이 그려진 해저지형도를 공식적으로 발표할 수 없었다. 그러자 히젠은 등고선을 사용하지 않고 자신의 연구 결과를 발표하는 방법을 고안해 냈는데, 그 방법은 대서양에서 물을 모두 퍼낸 모습의 3차원 그림이었다(그림 4-3). 그런데, 이 그림이 오히려 대서양 바다 밑의 모습을 더욱 생생하게 보여 주었고, 드러난 바다 밑의 모습은 기이했다(Heezen et al., 1959).

광활한 평원처럼 보이는 바다 밑에는 원추형의 화산들이 곳곳에 송곳처럼 솟아 있었고, 더욱 놀라운 것은 북쪽에서 남쪽으로 길게 뻗은 대서양 중앙해령의 모습이었다. 대서양 중앙해령은 대륙의 산맥과 달리 폭이 2,000킬로미터를 넘었고, 무엇보다도 특이한 점은 해령의 한 가운데 폭

그림 4-3. 대서양에서 물을 모두 들어냈을 때 예상되는 해저 모습.

20킬로미터의 깊은 골짜기가 있다는 점이었다. 한반도의 폭이 약 250킬로미터인 점을 생각하면, 대서양 중앙해령이 얼마나 특이한 지형인지 이해할 수 있을 것이다. 이처럼 기묘한 산맥은 대륙 어디에도 없었다.

이 연구 결과에 고무되어 모든 해양의 바다 밑 모습을 3차원으로 그렸더니 앞서 유잉과 히젠이 예측했던 결과가 나왔다. 대서양 한가운데를 거대한 S자 모습으로 달리던 해령은 남극대륙 부근에서 동쪽으로 방향을 틀어 인도양으로 진출한 다음, 인도양의 중앙 부근에서 두 갈래로 나뉘어 하나는 북쪽의 아덴만 쪽으로 그리고 다른 하나는 동쪽으로 계속 나아가 남극대륙과 오스트레일리아 대륙 사이를 지나 태평양으로 이어졌다. 그 길이는 무려 6만 킬로미터를 넘었고, 마치 야구공 껍질의 박음질처럼 지구 표면을 감싸며 돌고 있었다.

이처럼 기묘한 해령의 모습을 본 학자들은 엄청난 충격을 받았다. 남아메리카 대륙과 아프리카 대륙의 해안선이 지그소 퍼즐처럼 잘 들어맞는다는 점을 우연히 그렇게 된 것으로 생각하고 있던 과학자들도 거대한 S자형 곡선을 이루며 이어지는 해령이 대서양의 한가운데 그것도 해안선에 거의 나란히 놓여 있는 모습을 우연으로 치부하긴 어려웠기 때문이다. 그들이 말할 수 있었던 것은 당시에 알려진 지구 이론으로는 그런 모습의 해령이 어떻게 만들어졌는지 설명할 수 없다는 점이었다.

심해저 지구물리탐사에서 얻은 결과 중 또 다른 이상한 것은 지각열류량(heat flow, 지구 내부에서 방출되는 열량)에 관한 내용이었다. 해양지각의 열류량이 대륙지각의 열류량보다 높게 측정되었는데, 특히 해령에서 방출되는 열류량이 다른 지역보다 5~6배나 높아 학자들을 놀라게 했다. 이를 쉽게 설명하면, 해양지각이 대륙지각에 비하여 따뜻하며, 특히 해령 부근이 더 따뜻하다는 이야기다. 정교한 지각열류량 측정장치를 개발하여 조사에 참여했던 불러드는 해양지각에 들어 있는 방사능물질이 대륙지각에 비하여 훨씬 적음을 확인하였다. 지구 내부에서 열을 발생시키는 것이 방사능물질일 텐데 방사능물질이 적은 해양지각의 지각열류량이 방사능물질이 많은 대륙지각의 지각열류량보다 높은 이유를 알 수 없었다.

헤스의 해저확장설

1950년대 초반에는 헤스도 당시의 많은 학자들이 그러했듯이 대륙이동을 인정하지 않았다. 그런데 1956년 유잉과 히젠이 해령은 하나로 연결된 거대한 바다 밑의 산맥이라는 논문을 발표하자, 헤스는 그것이 의미하는 바가 무엇인지 생각하기 시작하였다. 해령 한 가운데 골짜기가 있다는 사실을 처음 발견한 히젠은 골짜기가 형성된 것은 그 부분에 장력(tension, 양쪽에서 잡아당기는 힘)이 작용하기 때문이라는 생각 아래, 지구는 팽창한다는 학설을 지지하기 시작하였다. 하지만 헤스는 지구가 팽창한다는 가설에 부정적이었고, 해양에서 새롭게 밝혀진 내용들을 설명할 수 있는 다른 메커니즘을 찾는데 고심하였다. 헤스는 왜 바다 밑에는 1억 5000만 년 전보다 오랜 지층이 없을까?, 해령 중앙에서는 왜 지각열류량이 높을까?, 해양지각은 왜 대륙지각에 비해서 얇을까? 등등 수수께끼 같은 내용들을 설명하기 위한 고민을 했고, 마침내 그러한 현상을 설명할 수 있는 독창적인 이론을 생각해냈다.

헤스는 지구 내부에서 맨틀 대류의 중요성을 인식하고 이를 전 지구적 규모에서 일어나는 지질현상과 관련지어 설명할 수 있는 가설을 제안했다. 헤스는 논문 발표에 앞서 보수적인 학계의 반발을 피하기 위해 세

심한 준비를 하였다. 그의 가설이 논문으로 활자화된 때는 1962년이지만, 1960년에 논문의 초교를 여러 사람들에게 보내어 읽도록 하였다. 발표한 논문의 제목은 〈해양분지의 역사〉(Hess, 1962)로 겉보기에 평범했다. 논문의 서두에서도 헤스는 새로운 가설이 학계에 줄 충격을 완화하기 위하여 '논문을 지구에 관한 수필(I shall consider this paper an essay in geopoetry)'로 받아주기를 부탁할 정도였다. 논문을 발표한 논문집도 저명한 과학잡지인 《사이언스》나 《네이처》가 아니라 그의 프린스턴대학교 은사였던 버딩턴(Buddington) 교수 기념논문집이었다. 그럼에도 불구하고, 이 논문을 인용한 논문 수가 1000편을 넘겼으니 이 논문의 영향력이 엄청났음을 대변하고 있다.

이 논문에서 헤스는 지구 내부에서 대류가 일어나고 있으며, 해령은 대류의 상승하는 부분으로 해령 중앙의 골짜기를 따라 용암이 올라온다고 설명하였다(그림 4-4). 해령을 따라 뜨거운 용암이 올라오기 때문에 해령에서의 지각열류량이 높고, 용암이 분출하여 만들어진 암석은 현무암과 감람암인데, 감람암이 물과 만나면 사문암으로 변한다고 하였다. 해양지각의 평균 구성암석은 현무암이며, 새롭게 태어난 해양지각은 해령의 양쪽으로 이동하여 대륙의 가장자리에 이르면 지구 내부로 다시 들어간다고 설명하였다. 맨틀로 들어갈 때 사문암은 물을 방출하면서 다시 감람암으로 돌아간다는 것이다. 따라서 해양지각의 나이는 2억 년 보다 젊으며, 3~4억 년이면 해양지각은 완전히 바뀔 수 있다고 주장했다. 대륙지각은 분열하거나 합쳐지지만, 대륙은 맨틀 대류에 의하여 수동적

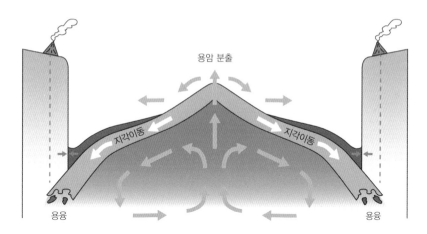

그림 4-4. 헤스의 해저확장설.

으로 운반될 뿐이며 해양지각을 가르며 이동하는 것은 아니라고 언급하였다.

이 가설은 후에 해저확장설(sea-floor spreading)이라고 불리게 되는데, 사실 해저확장이란 용어를 도입한 사람은 헤스가 아니고, 로버트 디에츠(Robert Dietz)라는 학자가 1961년 《네이처》에 발표한 논문(Dietz, 1961)에서 처음 사용하였다. 그럼에도 불구하고, 오늘날 우리가 해저확장설의 주창자로 헤스를 기억하게 된 배경에는 헤스가 그의 초교를 미리 많은 학자들에게 돌려 읽게 하였기 때문이고, 디에츠도 그 점을 인정하였다.

헤스의 논문은 발표된 이후 지구과학자와 학생들 사이에서 널리 읽혔다. 이 가설은 매우 독창적인 내용을 담고 있었기 때문에 호기심에서 읽은 사람들이 많았지만, 해저가 움직인다는 생각을 선뜻 받아들이기는 쉽지 않았을 것이다. 사실 해저확장설을 정확히 이해했다면, 해양지각에 지난 2억 년의 지구 역사가 테이프레코더처럼 기록되었을 것이라고 생각할 수도 있었을 텐데, 헤스 자신도 그 점까지는 미처 알아채지 못했다.

1950년대 중반까지도 라몬트 지질연구소의 유잉은 심해저 퇴적층을 시추하면, 그 퇴적층에 기록된 과거 30억 년의 지구 역사를 완벽하게 알아낼 수 있을 것이라고 생각했다. 하지만 해양이 확장된다는 주장이 점점 인정을 받는 경향을 보이자 생각을 약간 바꿔, 대류는 해양지각에만 국한되는 현상이며 그래도 대륙지각은 움직이지 않는다고 고집하였다. 이에 덧붙여 해양지각이 대륙지각의 가장자리를 밀어붙여 높은 산맥이 만들어졌다는 주장을 펼쳤다. 이처럼 유잉도 지구의 겉 부분이 움직인다는 당시 여론과 약간의 타협을 시도하였지만, 이미 학계는 해양지각과 대륙지각이 모두 움직인다는 방향으로 흘러가고 있었다.

극이 이동한다?

나침반의 바늘은 북쪽을 가리킨다. 이는 자석과 지구에 각각 북극과 남극이 있고, 다른 극끼리는 서로 잡아당기고 같은 극끼리는 밀쳐내기 때문이다. 이처럼 지구가 하나의 커다란 자석과 같다는 사실은 일찍이 1600년 경에 알려졌다.

암석 중에도 나침반을 닮은 종류가 있다. 19세기 중엽 암석 속에 들어 있는 광물 중에 지구의 자기장과 같은 방향으로 배열된 것이 있다는 사실이 알려졌다. 1895년, 프랑스의 피에르 퀴리(Pierre Curie)는 용암이 식어 암석으로 굳을 때, 일정한 온도(섭씨 580~600도) 아래로 내려가면 광물이 자성을 띠기 시작한다는 사실을 알아냈다. 이처럼 광물이 자성을 띠기 시작하는 온도를 발견자의 이름을 따서 퀴리점(Curie point)이라고 부른다. 이처럼 암석에 남아 있는 자기적 특성을 연구하는 분야를 고지자기학(paleomagnetism)이라고 한다.

20세기 초, 지구의 자기장은 지구의 자전 때문에 만들어진다는 주장이 등장하였다. 이는 자극이 지구회전축의 극으로부터 멀리 벗어나지 않고, 위도에 따라 나침반 바늘이 기우는 정도(복각inclination)가 달라진다(북극에서는 나침반 바늘이 지면과 거의 수직을 이루고, 적도에서는 지면에 나란히 놓인다.)는 사실에 바탕을 둔 해석이다. 1926년 프랑스의 지구물리학자 파울 메르칸톤(Paul L. Mercanton)은 암석의 고지자기 자료를 분석하면 그 암석이 만들어질 당시 그 땅덩어리의 위도와 땅덩어리가 회전한 정도를 알 수 있기 때문에 대륙이동을 증명할 수 있을 것이라고 제안하였다. 하지만 당시 기술로는 암석 속에 남아 있는 미약한 지자기의 기록을 측정할 수 없었다. 메르칸톤은 자북극과 지리적 북극이 연관이 있으리라는 가정 아래, 이 문제를 국제적으로 다루자는 연구 계획을 국제 측지지구물리연맹에 제안하였지만, 받아들여지지는 않았다. 왜냐하면, 당시 과학자들은 고지자기학이라는 학문에 별로 관심을 보이지 않았고, 대륙이동설도 중요하게 생각하지 않았기 때문이다. 사실, 20세기 초에 고지자기에 관한 사항은 이론적으로나 실험적으로 알려진 내용이 별로 없었다. 지구자기장이 어떻게 형성되는지도 몰랐고, 고지자기를 측정하는 기술도 개발되지 않았기 때문이었다.

제2차 세계대전이 일어난 후 얼마 지나지 않아 독일은 영국 동쪽 해안의 항구에 자기기뢰를 설치하였다. 원래 자기기뢰는 영국에서 처음 개발되었는데, 거꾸로 그 기술을 이용한 독일의 공격으로 영국은 엄청난 피해를 입었다. 독일이 선전포고한 후 2주 만에 영국은 상선 29척과 구축함 1척을 잃었다. 그래서 영국 해군에서는 특별연구팀을 구성하여 이에 대한 대책을 세우도록 하였고, 에드워드 불러드는 이 팀에 연구원으로 초빙되었다. 이때 불러드는 해양자기학과 처음 만났고, 이 분야의 연구가 중요하다는 점을 인식하게 되었다. 불러드는 곧바로 연구 능력을 인정받아 1944년 영국 해군연구소의 부소장으로 임명되었는데, 당시 소장은 유명한 물리학자 패트릭 블래킷(Patrick Blackett, 1897~1974)이었다.

자연스럽게 불러드와 블래킷은 앞으로 과학이 어떤 방향으로 가야할 것인지에 관하여 진지하게 토론하였고, 이때 두 사람이 생각한 중요한 주제는 지구자기장이 어떻게 형성되느냐에 관한 것이었다. 지구자기장의 형성 메커니즘으로 불러드는 액체상태인 외핵의 움직임에 의한 다이나모 이론(dynamo theory)을 제안한 반면, 블래킷은 회전하는 물체는 어느 것이나 자기장을 형성할 수 있다는 가정에서 출발하였다.

블래킷은 지구자기장의 형성에 관한 자신의 이론을 증명하기 위한 실험을 계획했는데, 그 실험을 하기 위해서는 많은 양의 금이 필요했다.

블래킷은 평소 친분이 있던 정부 고위층에 부탁하여 영국은행으로부터 17.5킬로그램의 순금을 빌렸다. 그 순금으로 공 모양의 물체를 만들어 회전시켰을 때 자기장이 형성되는지 알아보기 위하여 블래킷은 미약한 자기장도 측정할 수 있는 정밀한 장비를 개발했다. 하지만 결과는 블래킷이 예상했던 것과 달리 회전하는 순금 덩어리에서 자기장이 전혀 감지되지 않았다. 실험은 실패하였지만, 정밀한 자기 측정장치를 개발한 것은 큰 수확이었다. 이 장치는 매우 약한 자기장의 세기를 측정할 수 있을 뿐 아니라 그 방향도 알 수 있었다. 암석 속에 자성 광물이 조금이라도 들어 있으면, 이 장치를 이용하여 암석에 남아 있는 고지자기를 측정할 수 있게 되었고, 그로부터 암석이 생성될 당시 위도와 극의 위치를 알아낼 수 있게 되었다.

블래킷은 제2차 세계대전이 끝난 후 임페리얼컬리지로 복귀하였다. 이전부터 대륙이동설에 관심을 가지고 있었던 블래킷은 고지자기 자료를 이용하면 대륙이 이동했는지 확인할 수 있을 것이라는 예측 아래, 영국의 여러 지방에서 암석을 채집하여 고지자기를 분석하였다. 그런데 트라이아스기 암석 중에 고지자기의 복각이 무척 낮은 것이 있었다. 복각이 낮다는 것은 그 암석이 적도 부근에서 생성되었음을 의미한다. 블래킷은 이 자료로부터 예전에 적도 부근에 있었던 영국의 땅덩어리가 북쪽으로 이동했기 때문이라고 생각했다. 그는 곧바로 이 연구 결과의 중요성을 알아챘고, 고지자기 자료가 앞으로 대륙 이동과 관련된 연구에 크게 기여하리라고 예측하였다.

한편, 케임브리지대학교 연구팀들은 블래킷과 달리 지구의 극이 실제로 이동한다는 생각을 가지고 있었다. 그 배경에는 19세기 저명한 물리학자 켈빈 경이 1876년 영국 수리물리학회 개회사에서 '먼 옛날 지구 회전축의 위치는 지금의 위치와 달랐다.'라는 가설을 발표한 데 뿌리를 두고 있다. 사실 켈빈은 진화론을 그다지 좋아하지 않았는데, 아이러니컬하게도 찰스 다윈의 아들인 조지 다윈의 지도교수가 되었고 1879년 조지 다윈이 쓴 첫 논문은 지구 내부가 녹아 있다면 지구 자전축도 바뀔 수 있다는 내용이었다. 이 연구 결과 때문인지 모르지만, 20세기 전반에는 지구 자전축이 이동할 수 있다는 생각이 받아들여지고 있었다.

원래 블래킷의 제자였던 케임브리지대학교의 키스 렁컨(Keith Runcorn, 1922~1995)은 1955년 고지자기 자료가 대륙이동이 아니라 실제로 지구의 극 이동을 반영한다는 내용을 발표하였다. 렁컨은 산맥이 형성되거나 맨틀 대류가 일어나면 지구내부에서 물질의 재분배가 일어나기 때문에 극도 이동할 수 있다고 생각했다. 사실 영국의 고지자기 학자들은 대륙이동이 고지자기 자료를 더 잘 설명한다는 사실을 알고 있었지만, 막상 대륙이동설을 받아들이기를 주저하고 있었다. 대륙은 움직이지 않는다는 고정관념에 억매여 있었기 때문이었다.

렁컨은 영국과 유럽 대륙의 암석에 대한 고지자기를 연구하여 지질시대에 따른 극 위치를 추적하고 있었다. 그 결과 북극의 위치가 약 6억 년 전 북아메리카 대륙의 서부에서 출발하여 북태평양과 아시아 대륙을 거쳐 현재의 북극에 이르기까지 약 2만 킬로미터를 이동했음이 밝혀졌다.

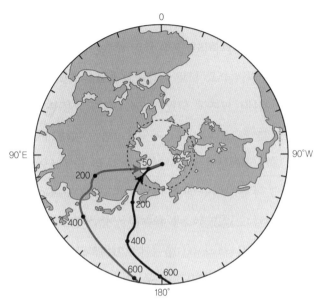

그림 4-5. 겉보기 극이동곡선. 검은 선은 유럽 대륙의 극이동곡선이고, 빨간 선은 북아메리카 대륙의 극이동곡선이다.

하지만 렁컨은 논문에서 극이동이 대륙이동과 상관이 없다는 점을 강조하였다.

그러던 렁컨이 1950년대 후반 프린스턴대학교의 해리 헤스를 만나 해저확장에 관한 이야기를 들으면서 대서양이 새롭게 열렸다는 사실을 알게 되었다. 그래서 렁컨은 유럽과 미국에서 채취한 암석의 시대에 따른 고지자기 자료를 비교하는 연구를 시도하였는데, 그 결과 6억 년 전에서 2억 년 전까지 두 대륙의 극이동곡선이 일치하다가 그 이후 벌어진다는 사실을 알게 되었다(그림 4-5). 이 연구 결과는 지구의 극이 움직인 것이 아니라 대륙이 상대적으로 움직였음을 의미한다. 렁컨은 이 곡선의 명칭을 겉보기 극이동곡선으로 바꾸었다(Runcorn, 1959). 실제로 극이 이동한 것이 아니라 겉보기에 극이 이동한 것처럼 보인다는 점을 알리기 위해서였다. 이 연구 결과는 빠르게 학계로 퍼져나갔고, 1960년에 이르러서 거의 모든 고지자기 학자들은 대륙이동을 믿게 되었다.

이 시점은 지질학 연구사에서 매우 중요한 의미를 갖는다. 이제까지 서로 다른 길을 걷고 있다고 생각했던 지질학과 지구물리학이 사실은 지구의 역사를 밝힌다는 공통 목표를 가진다는 점을 깨달았기 때문이다.

해양 자기이상의 얼룩말 무늬

영국 임페리얼컬리지에서 박사학위를 받은 로널드 메이슨(Ronald Mason)은 1951년 미국 스크립스 해양연구소에서 해양지구자기 연구를 시작하였다. 당시 미국 연안측지조사소는 미 해군의 위촉을 받아 북아메리카 서부 해안의 해저지형도를 만드는 프로젝트를 수행하고 있었는데, 메이슨은 그 사업에 지구자기 분야를 포함시키도록 요청하였다. 메이슨이 조사하려고 했던 내용은 해양지각에 기록된 자기장의 세기를 측정하는 일이었는데, 자기력 측정기를 배의 후미에 매달고 항해하면서 자기장의 세기를 측정하는 일이었다.

메이슨은 그의 조수 아서 라프(Author Raff)와 함께 북아메리카 대륙의

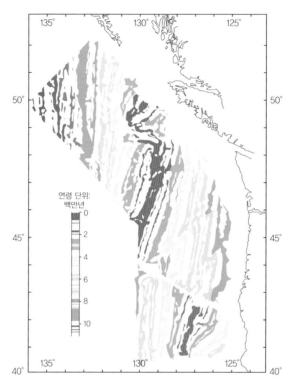

그림 4-6. 동태평양 해저의 자기이상도. 붉은색 부분이 해령으로 지각의 나이가 가장 젊고, 양쪽으로 멀어질수록 나이가 많아진다.

태평양 연안에 대한 지구자기장의 세기를 몇 년에 걸쳐서 탐사하였다. 어떤 지점에서 측정한 자기장의 세기가 지구 자기장의 평균 세기보다 크거나 작으면 이를 자기이상(magnetic anomaly)이라고 불렀다. 1961년 탐사 결과를 발표할 때, 지구자기장의 평균 세기보다 강한 부분은 검게 그리고 약한 부분은 하얗게 구분하여 표시하였더니, 마치 얼룩말 무늬 같은 지도(그림 4-6)가 만들어졌다(Mason and Raff, 1961). 이렇게 만들어진 지도를 자기이상도라고 불렀는데, 메이슨과 라프는 이 얼룩말 무늬의 자기이상도가 무엇을 의미하는지는 알지 못했다.

1929년 일본의 마쓰야마 모토노리(松山基範)는 최근에 분출한 화산암에 들어 있는 자성 광물은 현재의 지구자기장과 같은 방향으로 배열되어 있지만, 플라이스토세의 어떤 화산암은 지금과 반대방향으로 배열되었다는 연구 결과를 발표하였다(Matuyama, 1929). 암석 속에 기록된 자기장의 방향이 시대에 따라 다르다는 사실은 당시 고지자기 학자들을 곤혹스럽게 하였다.

1960년대 초반, 미국 캘리포니아 대학의 젊은 고지자기 학자들은 세계 곳곳에서 채집한 암석의 나이와 자기장 방향의 관계를 알아내려는 연구를 시도하였다. 그 사람들은 앨런 콕스(Alan Cox), 리처드 도엘(Richard Doell), 브렌트 다림플(Brent Darymple)로 1963년 발표한 논문에서 지난 300만 년 동안에 자기장이 여러 번 뒤바뀌었음을 알아냈다(Cox et al., 1963). 자기장이 바뀌는 데 걸리는 기간은 5000년에서 1만 년으로 매우 짧았지만, 일단 바뀐 자기장은 대략 100만 년 동안은 그대로 유지하는 것으로 나타났다. 그들은 암석 속의 광물이 현재의 자기장과 같은 방향으로 배열되었던 시대를 브루느(Bruhnes) 정자극기, 그리고 반대방향으로 배열되었던 시대를 마쓰야마 역자극기라는 명칭을 주었고, 브루느 정자극기와 마쓰야마 역자극기의 경계가 약 70만 년 전임을 알아냈다(그림 4-7). 지구

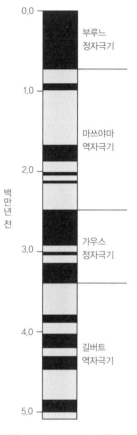

0.0

부루느
정자극기

1.0

마쓰야마
역자극기

2.0

백만년전

3.0

가우스
정자극기

4.0

길버트
역자극기

5.0

그림 4-7. 지난 500만 년 동안
자극의 역전 기록

자기장이 바뀌는 패턴은 주기적이 아니라 매우 불규칙적이었는데, 문제는 지구의 자기장이 왜 바뀌는지 알 수 없다는 점이었다.

1959년 제1차 국제 해양학총회에서 불러드는 앞으로 고지자기 자료가 대륙의 이동을 알아내는 데 중요한 역할을 할 것이고, 대서양 중앙해령에 있는 깊은 골짜기는 대서양이 현재 넓어지고 있기 때문이라는 논문을 발표했다. 그때까지 대륙이동에 대해서 회의적이었던 불러드가 공식적으로 대륙이동을 지지하는 입장으로 돌아선 것이다.

1961년 디에츠가 해저확장이라는 용어를 등장시켰을 때, 사람들은 동태평양에서 보고된 얼룩말 무늬의 자기이상 패턴과 해저확장 사이에 어떤 연관이 있으리라는 생각은 했지만, 그 진정한 의미를 알지 못했다. 그 무렵 케임브리지대학교의 드러먼드 매슈스(Drummond Matthews)는 영국의 탐사선 HMS Owen호를 타고 인도양을 6개월 동안 조사했다. 매슈스는 인도양 칼스버그 해령에서 퇴적물, 중력, 수심, 자기장의 세기 등 다양한 자료를 탐사했다. 매슈스가 그 자료를 가지고 1962년 11월 케임브리지대학교로 돌아왔을 때, 대학원 신입생 프레드 바인(Fred Vine)이 그를 기다리고 있었다. 매슈스는 바인에게 인도양의 탐사자료를 주면서 자기이상의 형성 메커니즘을 밝히는 연구 과제를 맡겼다.

1960년대 초, 캐나다에서도 자기이상에 관심을 가지고 연구하던 사람이 있었다. 그 사람은 로렌스 몰리(Lawrence Morley)로 토론토대학교에서 투조 윌슨의 지도 아래 고지자기학에 입문하였다. 졸업 후 캐나다 지질조사소에 근무하면서 주로 항공자력탐사에 관련된 일을 맡았는데, 배를 이용한 자력탐사는 시간이 많이 걸리기 때문에 몰리는 북대서양을 탐사할 때 항공기를 이용하였다. 그 무렵은 메이슨과 라프가 태평양 북동부 지역을 탐사하여 얼룩말 줄무늬의 자기이상도를 완성하였고, 디에츠가 헤스의 아이디어에 바탕을 둔 해저확장 이론을 발표한 시점이었다. 두 논문을 모두 읽은 몰리는 대서양 항공자력탐사 결과 드러난 자기이상의 줄무늬 패턴이 해저확장과 지구자기장이 뒤바뀌는 현상과 관련이 있다는 판단 아래 연구를 진행하였다. 그 결과, 자기장의 극이 평균 100만 년마다 바뀌고 해저가 1년에 3.5센티미터의 속도로 확장된다면 대서양에서 관측된 자기이상 줄무늬 패턴을 설명할 수 있다는 결론에 도달했다.

몰리는 그 내용을 담은 논문을 1963년 2월 《네이처》에 투고하였는데, 《네이처》에서는 두 달 후에 발간할 지면이 없다는 이유를 달아 게재 불가라는 판정 결과를 알려왔다. 그래서 몰리는 곧바로 《미국 지구물리학회지》에 투고했다. 그해 9월 하순, 미국 지구물리학회지에서 보내온 논문에 대한 판정 결과는 게재 불가였다. 그런데 논문 게재 불가 판정을 한 심사자의 심사평은 거의 모욕적이다.

"그러한 상상은 칵테일파티에서 할 수 있는 재미있는 이야기일 수는 있
지만, 진지한 과학적 내용을 다루는 우리 학술지에는 실을 수 없다."

1962년 1월, 프린스턴대학교의 헤스 교수는 케임브리지대학교 학생들이 주최하는 학술회의로부터 초청강연 요청을 받고 '북대서양의 진화'라는 제목으로 강연하였는데, 그때 헤스는 곧 출간 예정이었던 해저확장에 관한 내용을 발표하였다. 당시 학부생이었던 바인은 헤스가 발표한 해저확장의 이론에 깊은 감명을 받았고, 나중에 그 내용을 그대로 학부과정의 동아리인 '세즈윅클럽(The Sedgwick Club)'에서 소개하였다.

박사학위의 주제로 인도양 칼스버그 해령의 탐사자료를 분석하던 바인은 인도양의 자기이상 패턴이 지구자기장의 방향이 뒤바뀐 현상과 관련이 있을 것이라는 생각을 해냈다. 칼스버그 해령 주변의 해양지각에 지구자기장이 뒤바뀐 기록이 남아 있음을 확인한 바인은 자기이상 패턴을 그가 학부시절에 들었던 헤스의 해저확장설과 연결시켰다. 그 결과 다음과 같은 결론에 도달하였다.

해령의 중앙에서 솟아오른 용암이 굳어 암석이 될 때 자성을 띠는 광물
은 당시 지구자기장의 방향으로 배열될 것이다. 만일 해양지각이 계속

넓어진다면, 먼저 만들어진 지각은 해령으로부터 멀어진다. 이 과정에서 지구자기장이 바뀌면, 새로 태어난 해양지각의 암석은 바뀐 자기장의 방향을 기록할 것이다. 해저 암석의 자기가 현재의 지구자기장과 같은 방향으로 배열된 경우에는 자기장의 세기가 강하게, 반대방향이면 약하게 나타나기 때문에 얼룩말 무늬의 자기이상도가 만들어진다. 지구자기장이 바뀐 시대를 알고 있으므로 자기이상의 줄무늬와 해양지각의 나이를 비교하여 해저확장의 속도를 알아낼 수 있을 것이다.

바인은 자신의 생각을 정리하여 논문을 작성한 후, 매슈스에게 보였고 그 다음에는 지구물리학과장인 모리스 힐(Maurice Hill)에게도 보여 주었는데, 힐은 바인을 처다보기만 하고 엉뚱한 이야기를 했다고 한다. 또 케임브리지대학교를 대표하는 고지자기 학자인 불러드에게도 논문 초고를 보여 주었는데, 그는 좋은 논문이라는 평을 했지만 논문에서 자신의 이름을 빼달라고 요청했다. 그래서 바인은 매슈스와 공동으로 작성한 원고를 《네이처》에 투고하였고, 그 논문은 1963년 9월 7일 발간되었다(Vine and Matthews, 1963). 사실 그 논문의 내용은 캐나다의 몰리가 몇 달 전에 투고했던 논문과 거의 같았기 때문에 논문 제출 시점이 얼마나 중요한지 알게 해 주는 대목이라고 하겠다.

바인과 매슈스의 논문은 발표 당시 그다지 주목을 받지는 못했는데, 그 이유는 당시 과학자들은 지구자기장이 뒤바뀐다거나 해저가 확장한다는 사실을 받아들이기 주저했기 때문이었다. 하물며 그 논문은 두 가설을 융합한 내용이었으니까 대부분의 학자들은 그 논문을 진지하게 생각하지 않았다. 하지만 여기에 예외가 있었으니 그 사람은 캐나다 토론토 대학의 윌슨이었다. 윌슨은 원래 해양탐사에는 그다지 관심이 없었지만, 고지자기학자들과 만나 이야기하고, 헤스의 해저확장설에 관한 논문 초교를 읽고 난 후 지구의 현상을 전 지구적 관점에서 바라보기 시작하였다.

윌슨의 활약

1960년 윌슨은 남극대륙을 다녀오는 길에 하와이 섬을 방문할 기회가 있었다. 하와이열도를 지형학적 관점에서 들여다보면, 현재 화산이 분출하고 있는 하와이 섬에서 멀어짐에 따라 섬의 모습이 크게 달랐다. 하와이 섬을 제외한 다른 섬에서는 활동 중인 화산이 없었고, 하와이 섬으로부터 거리가 멀수록 암석의 풍화가 더 심했다. 또 하와이 섬에서 서쪽으로 감에 따라 섬의 높이는 낮아졌고, 더 멀어지면 물속에 잠긴 화산들이 있다는 사실도 알려져 있었다. 윌슨은 이러한 하와이열도의 지형적 특징을 설명할 수 있는 다음과 같은 가설을 생각해냈다.

하와이 섬 아래에는 용암을 올려 보내는 고정된 통로(이를 플룸plume이라고 불렀음)가 있어 이 통로를 따라 화산이 분출하고 있다. 해양지각이

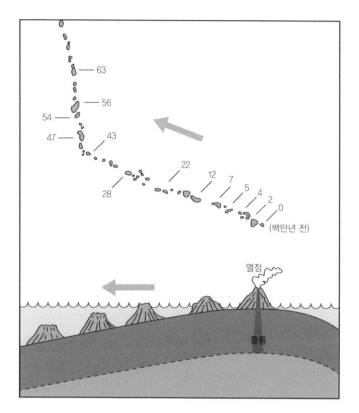

그림 4-8. 하와이열도의 나이와 윌슨이 제시한 열도의 형성 과정(Wilson, 1963a).

이동하면(헤스의 해양확장 이론에 따라) 화산섬은 서쪽으로 이동하게 되고, 그러면 그 섬에서의 화산활동이 멈추게 된다. 그 결과 하와이 섬으로부터 멀수록 화산섬의 나이가 많고, 섬의 풍화 정도도 더 심하다고 해석하였다(그림 4-8). 그는 이 플룸이 지구 표면에 도달한 지점을 열점(hot spot)이라고 불렀다.

투조 월슨은 이 내용을 정리하여 논문을 작성한 다음,《미국 지구물리학회지》에 투고하였는데 게재 불가 판정을 받았다. 그래서 할 수 없이 그 논문을《캐나다 물리학회지》에 투고하여 1963년에 발간되었다(Wilson, 1963a). 나중에 이 논문은 플룸과 열점이라는 용어를 소개한 최초의 논문으로 인용횟수가 800회를 넘겼을 정도로 중요한 논문이 되었다.

캐나다 일대의 지질조사에 열심이었던 투조 월슨은 대서양 연안의 뉴펀들랜드 섬에서 규모가 무척 큰 단층을 찾아냈고, 그 단층이 남서쪽으로 미국 보스턴까지 이어진다는 사실도 알아냈다. 월슨은 베게너의 초대륙 판게아 지도에서 이 단층이 스코틀랜드까지 연장된다는 것을 알았다. 이 과정에서 은연 중 월슨은 대륙이동이라는 개념에 익숙해져 갔다. 1960년대에 접어들면서 월슨은 대륙이동설을 지지한다는 논문을 발표하기 시작하였는데, 대표적 논문으로 1963년에 '지구 움직임에 관한 가설'을《네이처》에 발표하였고(Wilson, 1963b), 잇달아 좀 더 직접적인 표현의 '대륙이동'이라는 논문을《사이언티픽 아메리칸》에 실었다(Wilson, 1963c).《사이언티픽 아메리칸》은 대중을 위한 과학 잡지이기 때문에 그곳에 실린 내용은 자연스럽게 학계에서 인정받는 이론이라는 평가를 받게 된다.

1963년 런던 지질학회에서 케임브리지대학교의 불러드는 자신도 대륙이동설을 지지한다는 강연을 통하여 '앞으로 육지나 해양을 대륙이동의 관점에서 연구한다면 10년 또는 20년 후에 우리는 좋은 성과를 이룰 것'이라고 예측하였다. 하지만 지질학자들은 불러드의 그러한 언급을 좋아하지 않았다. 어떤 지질학 교수는 지질구조에 의하여 밝혀진 사실을

그림 4-9. 블러드가 남아메리카 대륙과 아프리카 대륙을 합쳐 그린 지도.

고려하지 않는 대륙이동과 같은 이론을 불러드가 확신에 찬 어조로 강연한 점에 대해서 서운함을 표하기도 했다. 그러던 영국에서 대륙이동설을 수용하는 분위기로 바뀌게 된 결정적 계기는 1964년 블래킷과 불러드, 그리고 렁컨의 주관으로 런던 왕립협회에서 열린 대륙이동을 주제로 한 심포지엄이었다.

이 심포지엄에서 가장 주목받은 발표는 불러드가 컴퓨터를 이용하여 그려낸 지도였다(그림 4-9). 그 지도는 대서양을 사이에 둔 아프리카 대륙과 남아메리카 대륙을 붙여서 하나의 대륙으로 그린 것인데, 그 연결 부위를 해안선이 아니라 수심 900미터 지점을 따라 맞추었다. 일찍이 베게너도 대륙붕 끝자락을 따라 연결한 지도를 만들려고 시도하였지만 실패하였다. 반면에 불러드가 그동안 모아진 해저지형 자료를 동원하여 컴퓨터의 도움으로 그린 지도는 예전에 두 대륙이 한 덩어리였다는 것을 극적으로 보여 주기에 충분하였다. 둘째 날 첫 번째 연사로 나선 윌슨은 더욱 강력하게 대륙이동을 지지하였는데, '대륙은 부표처럼 떠돌았고 그 갈라진 틈을 따라 새로운 해양이 생성되었다.'라고 단언하였다. 이 회의에 참석했던 대부분의 미국 학자들은 귀국하는 길에 대륙이동설을 전폭적으로 지지하는 회의장의 분위기 속에서 그에 거스르는 견해를 피력하기는 어려웠다고 불평하였다.

1965년은 판구조론이 새로운 지구 이론으로 탄생하는 과정에서 역사적인 해로 기억될 만하다. 이는 판구조론 탄생에서 중요한 역할을 맡은 주인공들이 케임브리지대학교에 모였기 때문이다. 여기에는 실용적인 면보다 학술적인 면을 중요하게 여기는 케임브리지대학교의 전통이 작용했기 때문이리라. 그 사람들은 투조 윌슨, 해리 헤스, 에드워드 불러드, 드루몬드 매슈스, 프레드 바인 등이다. 1965년 1월, 윌슨은 1년 동안의 안식년을 보내기 위해서 그리고 잇달아 헤스도 안식년을 맞아 케임브리지대학교에 도착했다.

윌슨, 헤스, 바인 세 사람은 해령을 가로 지르는 엄청나게 큰 수평단층들이 어떻게 만들어졌는지 궁금해 하고 있었다. 그 수평단층을 찾아낸 사람은 1950년대 후반으로 대서양의 해저지형도를 그리고 있던 라몬트 지질연구소의 히젠과 그의 동료들이었다(그림 4-3 참고). 대서양 중앙해령을 따라 곳곳에 수십 킬로미터에서 수백 킬로미터에 걸쳐서 어긋난 단층들이 해령을 가로지르며 배열되어 있었다. 1963년 라몬트 지질연구소의 지진학자 린 자일스(Lynn Sykes)는 남태평양에서 일어난 지진 분포를 분석하였는데, 지진이 해령과 해령 사이의 단층 구간에서만 일어나며 해령으로부터 멀리 떨어진 단층 구간에서는 지진이 발생하지 않는다는 연구 결과를 발표하였다(Sykes, 1963).

그러면 이 해령을 가로지르는 단층이 대류과 만나는 부근에서는 무슨 일이 벌어질까? 당시 대부분의 학자들은 이 해저 단층이 대륙 위로 이어지는 수평이동단층의 일종일 것으로 생각하고 있었다. 케임브리지대학교에서 안식년을 보내던 윌슨은 약 2주 동안 터키 남부 지중해에서 휴가를 보내고 돌아왔을 때, 그는 이 해령을 가로지르는 수평이동단층의 형성 과정에 관한 새로운 생각도 함께 가지고 왔다. 그의 새로운 생각은 해령과 해령 사이에 있는 단층 부분에서만 지진이 일어나는 현상과 해저확장을 함께 고려한 해석이었다.

윌슨은 종이를 Z자로 자른 다음, 종이를 두 부분으로 나누었다. 여기에서 Z자의 가운데 기둥 부분을 단층으로 그리고 위,아래 부분을 해령으로 표현했다(그림 4-10). 해저확장설에 따르면, 해령은 새로운 해양지각이 탄생하는 부분이고 해령 양쪽의 지각은 서로 반대편으로 이동한다. 그러면 해령 사이의 단층 부분에서는 지각이 서로 반대방향으로 움직이지만, 해령에서 멀어지는 단층부분에서는 지각이 같은 방향으로 움직이게 된

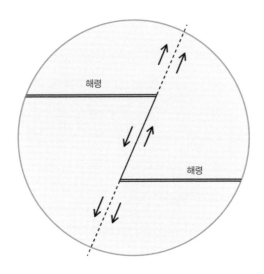

그림 4-10. 윌슨이 제안한 변환단층의 개념도(Wilkson, 1965).

다. 따라서 해령과 해령 사이의 단층 부분에서는 지진이 발생하지만, 해령에서 멀어지는 단층 부분에서는 지진이 일어나지 않는다고 설명했다. 이 단층의 특이함은 단층선상의 어느 부분에 있느냐에 따라 지각의 움직임이 달라진다는 점이다. 해령과 해령 사이에서 서로 반대방향으로 움직이던 단층이 해령에서 멀어지면 같은 방향으로 바뀌기 때문에 이것을 새로운 형태의 단층이라고 생각했다. 윌슨은 이 내용을 1965년《네이처》에 발표하면서 변환단층(transform fault)이라는 새로운 용어를 제안하였다(Wilson, 1965).

변환단층의 매력에 푹 빠진 윌슨은 도서관에 틀어박혀 대규모 단층에 관한 자료를 찾기 시작하였다. 그중에서도 현재 지진이 자주 발생하는 캘리포니아의 산안드레아스 단층에 초점을 맞추었다. 당시 구조지질학자들도 산안드레아스 단층을 이상하게 여겼다. 이 단층은 북서쪽의 바다 속으로 한동안 이어지다가 갑자기 사라졌기 때문이었다. 어느 날 아침 커피를 마시고 있던 헤스가 "만일 윌슨 당신이 생각하고 있는 형태의 변환단층이 옳다면 그 증거가 자기이상의 패턴에 기록되어 있을 것"이라고 말했다. 그 말을 듣고 난 윌슨은 곧바로 바인과 함께 자기이상 패턴에 관한 자료를 수집하기 시작하였다. 바인과 매슈스가 1963년《네이처》에 발표한 논문에 수록된 인도양 칼스버그 해령의 자기이상도에서는 그러한 모습이 잘 보이지 않았다. 그래서 1961년 메이슨과 라프가 발표한 태평양 북동부의 자기이상도를 조사했다(그림 4-6 참고). 그랬더니 캐나다 밴쿠버 섬의 남서 해역에서 자기이상의 줄무늬가 뚜렷이 어긋나 있는 곳을 찾아냈다. 그 결과를 바탕으로 1965년 10월 바인과 윌슨이《사이언스》에 발표한 논문 내용을 요약하면 다음과 같다(Vine and Wilson, 1965).

해저확장설에 따르면 해령은 새로운 해양지각이 생성되는 곳이다. 해령에서 새로운 지각이 생성되면 먼저 생성된 지각은 해령으로부터 멀어지며, 해령을 중심으로 양쪽에 있는 해양지각의 자기이상 패턴은 대칭을 이룬다. 그리고 해령과 해령 사이에 있는 변환단층 구간에서는 지각의 움직임이 반대방향이므로 그 부분에서는 지진이 발생한다.

1961년 발표된 이후 수많은 과학자들을 괴롭혔던 태평양 북동부의 얼룩말 무늬 자기이상도의 정체를 마침내 바인과 윌슨이 밝혀낸 것이다. 바인과 윌슨은 지구자기장이 바뀐 역사를 고려하여 해저확장 속도도 계산하였는데, 그 결과 줄무늬의 폭이 지난 400만 년 동안 일어났던 자구자기장이 뒤바뀐 양상과 잘 일치한다는 사실을 알아냈다. 그들은 태평양 북동부의 해령에 후안데푸카(캐나다 밴쿠버 섬과 미국 올림픽반도 사이의 해협으로 스페인의 탐험가Juan de Fuca에서 따옴.)라는 명칭을 주었다.

윌슨은 지진의 분포를 검토하는 과정에 지구의 겉 부분은 대부분 매우 단단하며, 지진은 매우 좁은 폭에 국한되어 일어난다는 점을 알아챘다. 이 해령과 변환단층에 의해서 나뉜 땅덩어리들은 서로 상대적으로 움직이고 있다는 생각을 바탕으로 윌슨은 이 한 덩어리로 움직이는 땅덩어리를 '판(plate)'이라고 불렀다.

1950년대와 1960년대, 캄브리아기와 오르도비스기 삼엽충을 연구하고 있던 학자들은 유럽과 북아메리카에서 발견되는 삼엽충의 종류가 전혀 다르다는 사실을 알았다. 그래서 이들을 각각 유럽형과 북아메리카형 삼엽충이라고 불렀다. 그런데 이들 삼엽충의 분포에 이상한 점이 보였는데, 북아메리카형 삼엽충이 유럽 대륙에 속한 스코틀랜드, 아일랜드 북부, 그리고 노르웨이 서부 해안지역에서 발견되었고, 반면에 유럽형 삼엽충이 캐나다 뉴펀들랜드 섬 동부와 미국 북동부의 뉴잉글랜드 지방에서 발견된다는 사실이었다. 당시 학자들은 왜 북아메리카형 삼엽충이 유럽의 서부 끝자락에 그리고 유럽형 삼엽충이 북아메리카 대륙의 동쪽에 분포하는지 그 이유를 설명하지 못했다.

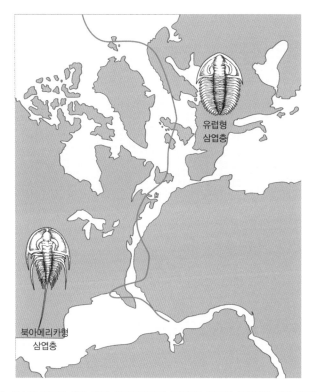

그림 4-11. 윌슨은 판게아 대륙 위에 북아메리카형 삼엽충과 유럽형 삼엽충의 산출 지역을 구분하는 선(파란선)을 긋고, 이 선이 고생대 당시 대륙과 해양의 윤곽을 알려준다는 해석을 하였다(Wilson, 1966; 자세한 내용은 본문 참조).

1966년 윌슨은 〈대서양은 닫혔다가 다시 열렸나?〉라는 괴팍한 제목의 논문을 《네이처》에 발표하였다(Wilson, 1966). 윌슨은 고생대 삼엽충 화석 자료를 바탕으로 고생대에는 유럽과 북아메리카 대륙 사이에 지금의 대서양과 전혀 다른 바다가 있었다고 제안하였다. 그는 판게아 대륙 위에 고생대 바다의 경계를 그려 넣어 예전 바다의 윤곽을 보여 주었다(그림 4-11).

전기 고생대 때는 현재의 스코틀랜드, 아일랜드 북부, 그리고 노르웨이 서부는 북아메리카 대륙에 속했고, 현재의 캐나다 뉴펀들랜드 섬 동부와 미국 북동부의 뉴잉글랜드 지방은 곤드와나 대륙에 속한 모습이다. 고생대 후반에 이 바다는 닫혔다가 중생대에 다시 바다가 열렸는데, 이 새롭게 열린 바다가 지금의 대서양이라는 것이다. 그런데 대서양이 다시 열릴 때 예전의 대서양과 약간 다른 경계를 따라 열렸다고 주장했다.

이 얼마나 놀라운 이야기인가! 대륙은 합쳐지기도 하고 분리될 수도 있다는 다시 말하면 대륙이동을 강력하게 지지하는 연구 결과였다. 유럽과 북아메리카 대륙 사이에 있던 이 고생대의 바다를 지금은 이아페투스(Iapetus) 해양이라는 명칭으로 부른다.

바뀐 세상

1960년대 초, 컬럼비아대학교 라몬트 지질연구소에서도 해양의 자기이상 연구가 중요하다는 점을 인식하고 그에 관한 연구를 진행하고 있었다. 해양자기 연구실의 제임스 허츨러(James Heirtzler)는 미 해군의 지원을 받아 아이슬란드 남쪽 대서양 중앙해령 부근의 자기이상을 탐사하였다. 남북으로 320킬로미터, 동서로 200킬로미터의 면적을 탐사한 결과, 해령을 중심으로 대칭적인 자기이상 패턴이 나타났다. 하지만 당시 라몬트 지질연구소는 소장인 유잉의 영향을 받아 대륙이동설이나 해저확장설을 배척하는 분위기였다. 그 분위기를 그대로 반영하여 허츨러와 르피숑(Xavier le Pichon)은 1965년 발표한 논문에서 대서양 중앙해령으로부터 멀어지면 자기장의 세기가 약해진다는 점을 강조하면서 바인과 매슈스가 1963년에 발표한 것과 같은 자기이상 패턴은 나타나지 않았다는 결론을 내렸다(Heirtzler and Le Pichon, 1965).

여기에서 우리는 학문을 하는 자세에 있어서 불편한 속성을 엿보게 된다. 일반적으로 과학은 객관적인 입장에서 문제에 접근할 것이라고 생각한다. 원론적인 면에서 그것이 분명 올바른 태도이다. 하지만 실제에 있어서는 많은 연구자들이 편견을 가지고 연구에 임하는 것을 볼 수 있다. 예를 들면 라몬트 지질연구소의 분위기는 지구의 겉 부분이 움직인다는 데 부정적이었던 반면, 영국의 케임브리지대학교 사람들은 대륙이동이나 해저확장의 개념을 적극적으로 받아들였다. 여기에서 누가 옳고 그름을 따지기에 앞서 두 진영 모두 나름대로의 편견을 가지고 연구를 진행했다는 것은 분명했다. 결국 과학도 인간이 하는 일이고, 따라서 개인이 겪는 경험이나 교육적 배경이 한 과학자의 연구 성향에 중요한 영향을 미침을 알 수 있다.

1950년대 초, 컬럼비아대학교 대학생이었던 닐 옵다이크(Neil Opdyke)는 당시 연구를 위하여 미국에 온 케임브리지대학교 렁컨 박사의 야외조사에 연구 보조원으로 동행하였다. 렁컨의 조사 목적은 미국의 암석을 분석하여 북아메리카 대륙의 극이동곡선 자료를 얻는데 있었다. 미국 전 지역을 돌면서 야외조사를 했기 때문에 뉴욕에서 미국 서부까지 차로 이동하면서 두 사람은 많은 이야기를 나누었고, 여행 중에 옵다이크는 렁컨으로부터 고지자기에 관한 최신의 연구 내용을 듣게 되었다. 이 여행에서 고지자기학에 흥미를 느낀 옵다이크는 결국 케임브리지대학교로 진학하여 렁컨의 지도를 받다가 렁컨이 뉴캐슬대학교로 옮겼을 때 따라가 그곳에서 박사학위를 받았다. 그 당시 영국의 고지자기학자들은 대륙이동을 인정하기 시작하였고, 그러한 분위기에서 공부하던 옵다이크는 자연스럽게 대륙이동설을 받아들였다. 1964년 초, 미국에도 유능한 고지자기학자가 필요하다는 점을 인식한 유잉은 옵다이크에게 연구원직을 제안하였고, 옵다이크는 그 제안을 받아들여 라몬트 지질연구소에 발을 들였다.

한편, 허즐러의 지도를 받고 있던 컬럼비아대학교의 대학원생 월터 피트만 3세(Walter Pitman III)는 라몬트 지질연구소의 영향을 받아 해저확장설을 받아들이지 않았다. 피트만은 1965년 9월부터 11월까지 미국 과학재단 소속의 해양조사선 엘타닌(Eltanin)에 승선하여 남극대륙 부근의 동태평양 해령을 탐사하였다. 남위 51도 부근의 동태평양 해령에서 탐사한 자기이상 자료를 가지고 연구소로 돌아온 피트만은 그 자료를 분석하기 시작하였다. 그때, 피트만은 문헌을 찾는 과정에서 바인과 윌슨이 1965년 쓴 후안데푸카 해령의 자기이상에 관한 논문을 읽기도 하고, 또 옵다이크로부터 대륙이동에 관한 이야기를 들으면서 조금씩 생각을 바꾸어가기 시작했다. 피트만이 분석한 동태평양 해령의 자기이상 곡선(그림 4-12)을 연구실 복도에 부쳐놓았더니 옵다이크가 속삭이듯 "해저확장

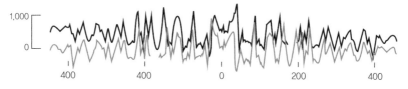

그림 4-12. 동태평양 해령에서 측정한 자기이상곡선(검은색)을 뒤집었을 때(파란선), 두 곡선이 놀라울 정도로 일치한다.

설이 맞는 것 같아."라고 말했다. 피트만의 지도교수였던 허츨러는 처음에 자기이상 곡선이 해령을 중심으로 거의 완벽한 대칭을 이룬 것을 보고 무언가 분석이 잘못되었다고 생각했다. 하지만 지구자기장의 역전 자료와 비교한 후에 그 결과를 인정할 수밖에 없었다.

1966년 2월, 바인은 그 무렵 라몬트 지질연구소에서 일어난 일들을 모른 상태에서 옵다이크 연구실을 방문했다. 당시 라몬트 지질연구소의 고지자기 연구실 복도는 온통 동태평양 해령에서 얻은 자기이상 곡선의 그림으로 채워져 있었다. 그 자기이상 곡선을 본 순간 그 자료의 중요성을 알아챈 바인은 그 자료를 논문에 써도 되는지 물었는데, 허츨러가 그 자료는 피트만의 학위논문 자료이기 때문에 당장 줄 수는 없지만 논문이 발간된 후에는 써도 좋다고 허락했다. 1966년 12월 피트만과 허츨러는 동태평양 해령의 자기이상에 관한 내용을 《사이언스》에 발표하였고 (Pitman and Heirtzler, 1966), 그로부터 2주 후에 그 자기이상 자료를 바탕으로 해저확장을 다룬 바인의 논문도 《사이언스》에 실렸다(Vine, 1966).

한편 라몬트 지질연구소에서는 자체적으로 그동안 모아진 자기이상과 지진자료를 바탕으로 해저확장설을 주제로 한 토론을 벌렸는데, 그때까지 도 유잉은 옆자리에 있던 불러드에게 '자네 이 엉터리 같은 이야기를 믿는 것은 아니겠지?'라고 물었다고 한다. 그런데 불러드는 그 토론의 마지막 연사로 등장하여 대륙이동을 지지하는 강연을 하였다. 원래 불러드 다음으로 발표할 연사는 대륙이동을 반대하는 그룹에서 하기로 되어 있었는데 어느 누구도 나서려는 사람이 없었다고 한다. 해저확장설을 싫어했던 유잉도 결국 그 흐름을 받아들일 수밖에 없었다.

1967년 4월 워싱턴에서 열렸던 미국 지구물리연맹 학술발표회에는 무려 70편이 해저확장과 관련된 논문이었고, 해리 헤스의 초청강연은 가장 큰 강의실에 배정하였음에도 불구하고 사람들이 들어설 수 없을 정도로 초만원을 이루었다고 한다. 세상이 바뀐 것이다.

바다 밑에서 일어나는 지진

태평양 서쪽 가장자리에는 화산섬들이 줄지어 있다. 북쪽으로부터 알류산열도, 쿠릴열도, 일본열도, 필리핀열도 등이 그것이다. 이 열도들은 활모양으로 휘어져 있기 때문에 호상열도(island arc)라고 불린다. 이 호상열도 부근에는 지진이 자주 일어난다. 2011년 봄, 일본열도의 동쪽에서 일어난 진도 9.0의 지진도 이 중 하나이다.

일본열도 부근의 지진자료를 분석하고 있던 일본 지진학자 기유 와

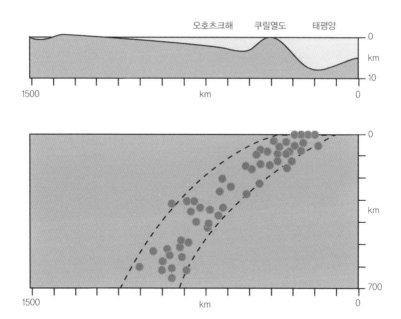

오호츠크해　쿠릴열도　태평양

그림 4-13. 쿠릴열도 부근에서 발생한 지진(빨강 점)의 깊이 분포(Benioff, 1954).

다티(Kiyoo Wadati)는 1934년에 지진에 관한 흥미로운 논문을 발표하였다. 태평양 쪽에서는 얕은 곳에서 지진이 일어나지만, 동해 쪽으로 감에 따라 지진이 일어나는 곳이 점점 깊어진다는 내용이다. 가장 깊은 곳에서 일어난 지진은 약 600킬로미터 깊이였다. 하지만, 이 논문은 일본어로 쓰였기 때문에 널리 읽히지는 않았다. 거의 비슷한 연구 결과가 20년이 지난 1954년 미국의 지진학자 휴고 베니오프(Hugo Benioff)에 의하여 발표되었다(Benioff, 1954). 그는 캄차카 반도와 쿠릴열도 일대에서 발생한 지진을 분석하여 지진이 대륙 쪽으로 경사진 면을 따라 일어난다는 결과를 얻었다(그림 4-13). 이로부터 사람들은 지진과 해저지형 사이에 어떤 관계가 있음을 알아챘다. 일본에서 그러한 연구가 먼저 이루어졌다는 사실을 모른 상태에서 지진이 일어나는 경사진 면에 베니오프의 이름을 붙여 '베니오프대(Benioff zone)'라는 용어를 사용하기 시작했다. 그 후, 일본에서는 그 이름을 '와다티대'라고 해야 한다는 주장이 나왔고, 소련에서는 '자바리츠키대'라고 부르기도 했다. 이와 같은 논란을 잠재우기 위해서 지금은 그 경사진 면을 섭입대(subduction zone)라고 부른다.

1960년대 중반 해양의 연구 활동을 보면, 해저의 자기이상 패턴이 주목을 받으면서 해령에 관한 연구는 활발했던 반면에 호상열도와 해구에 대한 연구는 상대적으로 미흡했다. 여기서 우리가 집고 넘어가야할 질문이 있다. 해령에서 태어난 해양지각은 해령으로부터 멀어지면 어떻게 될까? 그들은 영원히 해양에 존재하는 걸까? 아니면 어디론가 사라지는 걸까? 지구의 나이는 45억 년이라고 알려져 있는데, 해양지각 중에서 2억 년보다 오랜 것이 없다는 것은 무엇을 의미할까? 이런 의문은 연구를 하다 보면 자연스럽게 떠오르는 생각들이다.

일찍이 1930년대에 서태평양을 탐사했던 네덜란드의 베닝-마이네즈는 해구 부근에서 중력이 낮음을 확인하고 그 이유로 해구 밑에는 아래쪽으로 당겨지는 움직임이 있으리라고 예측했다. 하지만 라몬트 지질연구소의 유잉은 중력이 낮은 이유로 해구 부근에서 서로 반대편으로 잡아당기는 힘(장력)이 작용하기 때문이라고 강력히 주장했다. 실제로 섭입대를 따라 일어나는 지진의 위치와 해구가 나란히 배열되어 있는 것을 보면 이들 사이에 어떤 관계가 있는 것처럼 보인다. 사실 헤스가 처음 해저확장설을 발표했을 때, 맨틀 대류를 해저확장의 원동력으로 제시했기 때문에 유잉은 만일 헤스가 옳다면 해구 주변의 해양퇴적물들이 복잡하게 겹쳐진 모습으로 나타나야 한다고 예상했다. 하지만 해구 부근의 퇴적층을 탐사한 결과, 그러한 모습이 발견되지 않았기 때문에 유잉은 해저확장설을 엉터리 학설이라고 단언하였다. 그런데 1967년 라몬트 지질연구소 연구팀은 통가(Tonga) 해구 부근의 지진에 관한 연구 결과를 발표하면서 베니오프대가 경사를 이룬 것은 해양지각이 지하로 밀려들어가기 때문이라는 놀라운 결론을 내렸다. 헤스의 해저확장설에 힘을 실어 주는 결과였다.

1968년 9월, 라몬트 지질연구소의 지진학자 아이작스, 올리버, 자이크스는 〈지진학과 새로운 지구구조론〉이라는 논문(Isaacks et al., 1968)에서 '구조(tectonics)'라는 용어를 처음으로 사용했다. 구조라는 용어는 19세기 중엽 알프스 산맥의 지질구조를 연구하던 학자들이 사용했던 용어로 '건설(building)'이라는 의미인 라틴어 텍토니쿠스(tectonicus)에서 따왔다. 그들은 논문에서 지진의 특성이 대륙이동, 해저확장, 그리고 움직이는 판이라는 가설을 뒷받침한다는 점을 충분히 보여 주었다. 예를 들면, 얕은 지진은 해령과 변환단층에서 주로 일어나는데 반하여 깊은 지진이 해구 부근에 국한된다는 사실은 해구에서 판이 지구내부로 들어간다는 점을 알려 준다는 것이다. 이 논문에는 1961년에서 1967년 사이에 일어난 지진을 세계지도에 표시하였는데, 지진들이 대부분 해령, 변환단층, 그리고 해구에 몰려 있는 멋진 그림이었다(그림 4-2 참고). 당시 라몬트 지질연구소 입구에는 이 지도의 확대판이 걸려 있었다고 하는데, 이 지도를 보는 사람들은 아마도 판이 움직인다는 것을 부정하기 어려웠으리라. 그런데 이 논문은 대륙이동이나 해저확장을 판의 움직임과 연결시켜 명쾌하게 설명하고 있음에도 불구하고, 논문의 말미에 '이 논문에서 주장하는 가설이 틀릴 수도 있겠지만, 새로운 지구구조론이 학계에 참신한 자극을 줄 것은 분명하다'라고 썼다. 그때까지도 라몬트 지질연구소가 소장인 유잉의 그늘에서 벗어나지 못하고 있음을 알려 주는 대목이다.

대부분의 중요한 과학 이론이 그러하듯이 판구조론도 어느 한 사람의 획기적인 아이디어에서 나온 것이 아니었다. 1950년대와 1960년대 지구과학의 다양한 분야에서 찾아낸 과학적 자료들을 논리적으로 설명하려는 학자들이 경쟁적으로 노력한 결과로 판구조론이 탄생하였다. 이 연구 경쟁에서 선두를 달리던 학자들은 영국의 케임브리지대학교, 미국의 프린스턴대학교와 컬럼비아대학교에 속했던 사람들이었다. 이 경쟁에서 첫 테이프를 끊은 사람은 케임브리지대학교에서 갓 박사학위를 받은 댄 맥켄지(Dan McKenzie)였다. 그는 1967년 12월 30일 《네이처》에 〈북태평양: 구면 위에 표시한 구조의 예〉라는 논문에서 판(plate)이라는 용어를 사용하였다(McKenzie and Parker, 1967). 이어서 1968년 3월, 프린스턴대학교의 제이슨 모오간(Jason Morgan)은 《미국 지구물리학회지》에 실린 논문 〈해령, 해구, 커다란 단층과 지각덩어리〉에서 지구의 겉 부분이 12개의 땅덩어리(block)로 이루어졌다는 내용을 발표하였다(Morgan, 1968). 그의 '땅덩어리'는 맥켄지의 '판'과 같은 뜻이었다.

맥켄지는 1969년 해구 부근에서 해양지각이 사라지는 것과 관련된 증거를 종합하여 맨틀 대류에서 가라앉는 해양판의 역할이 중요함을 강조하였다. 맥켄지는 이어서 프린스턴대학교의 모간과 함께 판과 판이 만나는 교차점에서 일어날 수 있는 역학 관계를 종합적으로 다룬 논문에서 '지구구조론(global tectonics)'이라는 용어를 '판구조론(plate tectonics)'으로 대치하였다(McKenzie and Morgan, 1969). 1969년은 판구조론이 공식적으로 학계에 모습을 드러낸 시점이다.

5장 지구과학의 혁명, 판구조론

1970~

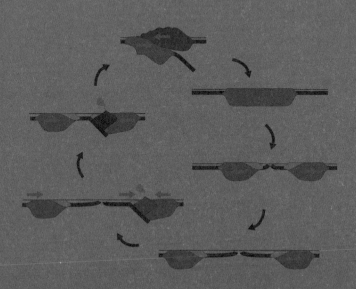

1950~1960년대에 지구과학의 여러 분야에서 연구들이 진행되면서 이들 현상을 통합적으로 설명할 수 있다는 생각을 하는 사람들이 생겨났다. 예전에는 대륙이동과 해저확장이 서로 상관없는 별개의 현상으로 생각했었지만, 두 가설을 연결시켜 지구 전체의 움직임을 설명하는 이론을 만들어냈다. 지구과학자들은 이전까지 2차원 관점에서만 보았던 지구를 3차원의 공간에서 볼 수 있는 능력을 가지게 되었다. 3차원으로 바라본 지구는 완전히 새로운 세계였다. 1970년대는 지질학이 19세기의 구태의연함으로부터 벗어나 진정한 자연과학으로 탈바꿈하는 시점이었다. 마치 기나긴 애벌레 단계를 지나 성충이 된 나비가 비상의 날갯짓하는 것처럼……

지구의 과거와 현재, 그리고 미래

판구조론(板構造論)은 '지구 표면이 해령, 해구, 습곡산맥, 그리고 변환단층에 의하여 구분되는 여러 개의 판으로 이루어지며 각 판은 서로 상대적으로 움직이고 있다.'는 말로 요약할 수 있는 지구의 움직임에 관한 이론이다. 현재 지구상의 대륙과 해양이 끊임없이 움직이고 있다는 사실을 인정한다면, 과거에도 대륙과 해양은 끊임없이 움직였으며 앞으로도 계속 움직이리라고 예상할 수 있다. 판구조론은 현재 지구상에서 일어나고 있는 여러 가지 자연현상을 잘 설명해 줄 뿐만 아니라 지구의 과거와 미래의 모습을 그릴 수 있게 해 준다.

실제로 그동안의 연구로 지난 5억 년 전 이후의 대륙과 해양의 역사는 비교적 상세히 알려져 있다. 그러나 시대가 오래되면 오래될수록 그 모습을 알아보기란 어렵다. 현재 많은 학자들이 더 오랜 옛날의 대륙과 해양의 발자취를 알아내기 위한 연구에 매진하고 있다. 판구조론이 현재 지구상에서 일어나는 자연현상을 잘 설명해 주는 이론이긴 하지만, 아직도 판을 이동시키는 원동력이 구체적으로 무엇인지는 잘 모르고 있다. 마치 자신이 소유하고 있는 차의 색이나 배기량, 그리고 얼마나 빨리 달릴 수 있으며, 자동차는 휘발유를 연료로 움직인다는 사실은 알고 있지만, 휘발유가 어떻게 작용하여 엔진을 움직이게 하는지 그 구체적인 내용을 알지 못하는 것과 같다. 그래서 지금도 많은 학자들이 지구의 움직임을 일으키는 원동력을 알아내기 위해 열심히 노력하고 있다.

지구의 판

판구조론이 등장한 후, 많은 학자들의 연구에 의하여 현재 지구상에서

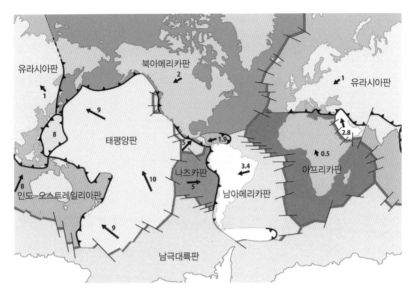

그림 5-1. 지구에 분포하는 주요 판의 분포.

활동 중인 판의 분포가 자세히 밝혀졌다. 현재 알려진 판구조 지도를 보면, 7개의 큰 판과 7~8개의 작은 판이 있다(그림 5-1). 큰 판으로 유라시아(Eurasian)판, 인도-오스트레일리아(Indo-Australian)판, 태평양(Pacific)판, 북아메리카(North American)판, 남아메리카(South American)판, 남극대륙(Antarctic)판, 아프리카(African)판이 있고, 작은 판에 속하는 것은 필리핀해(Philippine Sea)판, 나즈카(Nazca)판, 코코스(Cocos)판, 후안데푸카(Juan de Fuca)판, 카리브(Caribbean)판, 스코티아(Scotia)판, 아라비아(Arabian)판 등이 있다. 하지만 아직도 판의 경계를 뚜렷이 긋기 어려운 곳이 있는데, 대표적인 곳이 유라시아판과 북아메리카판의 경계이다. 일본열도 부근에서는 어느 정도 구분이 가능한데 더 북쪽으로 가면 두 판의 경계는 희미해진다.

판구조 지도를 보면, 어떤 판은 해양으로만 덮여 있는 반면(태평양판이나 필리핀해판), 또 어떤 판(인도-오스트레일리아판과 아프리카판 등)은 해양과 대륙을 모두 포함하기도 한다. 이는 판과 지각이 근본적으로 다르다는 것을 의미한다. 그래도 보통 해양지각을 포함하는 부분을 해양판, 대륙지각을 포함하면 대륙판이라고 부른다. 그렇다면 판(板)이란 무엇이며, 지각과는 어떻게 다를까?

판이 지각과 다르고, 또 판 중에서 대륙지각과 해양지각을 모두 포함하는 판이 있다는 사실은 판이 지각보다 규모면에서 더 크다는 것을 의미한다. 대륙은 판의 크기나 모양과 아무런 상관이 없으며, 판 위에 높이 솟아오른 부분에 불과하다. 해양지각은 해령에서 태어나 해구에 도달하면 섭입되어 지구 내부로 사라지지만, 대륙지각은 가볍기 때문에 섭입하지 않는다.

지진파의 속도는 지진파가 지나가는 부분의 밀도와 유동성에 따라 달라진다. 지구 내부에 관한 지진파 연구에 의하면, 깊이 70~150킬로미터 부근에서 지진파 속도가 크게 감소하는 것으로 알려졌다. 지진파 속도가 감소하는 구간을 저속도층이라고 부른다. 저속도층에서 지진파 속도가 감소하는 이유는 무엇일까? 지구의 겉 부분은 단단한 데 반하여 저속도층은 높은 온도로 인하여 그곳의 암석이 부분적으로 녹아 있기 때문이라고 생각한다. 판구조론에서는 저속도층 위에 놓여 있는 단단한 부분을

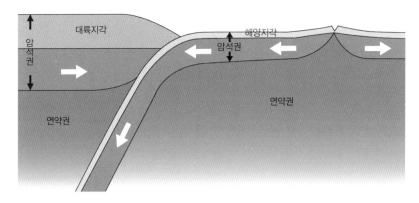

그림 5-2. 판구조론의 관점에서 본 지구의 내부구조.

암석권이라고 부르며, 저속도층을 포함한 암석권 아래의 구간은 연약권이라고 부른다(그림 5-2).

　암석권(岩石圈)은 지각과 상부 맨틀의 최상부를 포함하는 부분으로 단단한 고체이며, 판구조도에서 보여 준 것처럼 10여 개의 크고 작은 판으로 이루어진다. 암석권의 두께는 해양지각 아래에서 평균 70킬로미터이며, 해령 바로 아래에서는 약 10킬로미터, 그리고 멀어지면 100킬로미터까지 두꺼워지기도 한다. 반면에 대륙지각 아래에서 암석권의 두께는 125~200킬로미터로 상대적으로 두껍다. 암석권의 바닥은 저속도층과 만나며, 그 깊이에서 온도는 섭씨 1,300도에 가깝다. 암석권을 다르게 표현하면 지표면에서 온도가 섭씨 1,300도인 깊이에 해당하는 지구의 겉부분이라고 말할 수 있다.

　연약권(軟弱圈)은 저속도층을 포함한 상부 맨틀 부분으로 깊이는 약

670킬로미터에 이른다. 연약권 상부는 부분적으로 녹아 있는 상태이며 그래서 이 부분을 연약권이라고 부른다. 연약권은 위에 있는 판을 받쳐 주는 역할을 하며, 아래에서는 하부 맨틀과 만나고 있다.

판의 경계

판구조 지도를 보면, 판의 경계는 경계부에서 판의 상대적 움직임에 따라 세 가지로 구분됨을 쉽게 알 수 있다. 하나는 경계부에서 두 판이 서로 멀어지는 발산경계이며, 다른 하나는 경계부에서 두 판이 반대방향으로 미끄러지는 변환경계이고, 또 다른 판의 경계는 두 판이 서로 접근하는 또는 충돌하는 양상을 보여 주는 수렴경계이다(그림 5-3).

발산경계는 새로운 지각물질이 만들어지는 곳으로 해령과 열곡대가 여기에 속한다. 대표적인 예는 대서양 중앙해령, 동태평양 해령, 홍해, 동아프리카 열곡대 등이다. 발산경계에서는 화산활동이 활발하며, 따라서 지각열류량이 높고, 지진이 자

발산경계

변환경계

수렴경계

그림 5-3. 판의 경계.
발산경계, 변환경계, 수렴경계.

주 일어난다. 해령은 보통 대양의 중앙부를 따라 길게 분포하며, 바다 밑에 있는 산맥처럼 생긴 지형이다. 해령은 폭 1,000~3,000킬로미터 그리고 평균 수심이 2.5킬로미터로 심해저 평원 위에 2~3킬로미터 솟아올라 있다. 그러나 육지의 산맥과 달리 해령 중앙부에 넓고(25~30킬로미터) 깊은(깊이 수백 미터) 골짜기가 있는 점에서 대륙의 산맥과 전혀 다른 모습이다. 해령은 바닷물에 잠겨 있기 때문에 그 모습을 실제로 보기는 어렵지만, 뭍으로 드러난 해령의 대표적인 예가 북대서양에 있는 아이슬란드이다. 아이슬란드 섬의 동쪽 반은 유라시아판에 그리고 서쪽 반은 북아메리카판에 속한다.

 대륙 내에 있는 발산경계 중에서 유명한 곳은 동아프리카 열곡대다(그림 5-4). 겉보기에 열곡대와 해령은 전혀 달라 보이는 지형이므로 같은 발산경계라는 점이 이상하게 들릴지도 모른다. 동아프리카 열곡대는 에티오피아에서 출발하여 남쪽으로 케냐와 탄자니아를 가로지르는 넓고 깊은 골짜기이다. TV 다큐멘터리 '동물의 왕국'에서 사자와 영양들이 뛰어다니는 사바나 지역이 여기에 해당한다. 현재 판구조 지도에서 보면, 동아프리카 열곡대는 아프리카판에 속하지만, 이 열곡대를 경계로 두 판이 서로 멀어지고 있으니까 발산경계에 해당한다. 그래서 어떤 학자들은 동아프리카 열곡대를 경계로 동쪽은 소말리아판, 서쪽은 아프리카판이라고 부르기도 한다. 엄밀한 의미에서 동아프리카 열곡대는 이제 막 태어난 어린 발산경계이다. 경계 양쪽의 판이 계속 멀어지면 골짜기는 더욱 넓어질 것이고, 그러면 이 골짜기에도 바다가 들어올 것이다. 그때가 새

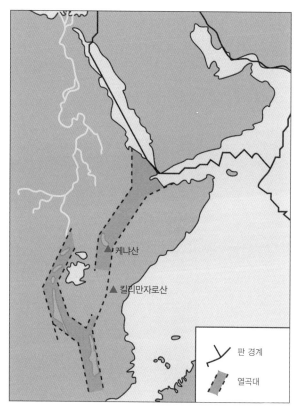

그림 5-4. 동아프리카 열곡대.

로운 해양이 태어나는 시점이다.

　현재 새로운 해양으로 태어난 단계의 모습을 보여 주는 바다가 홍해다. 홍해에 바닷물이 들어간 때는 약 300만 년 전이며, 현재 지구에서 가장 젊은 바다이다. 홍해의 바닥에는 젊은 해령이 있는데, 이 해령은 얼마 전까지만 해도 지금 동아프리카 열곡대와 같은 모습이었다. 홍해가 앞으로 점점 넓어지면 언젠가는 커다란 대양으로 발전할 수도 있을 것이다. 그러므로 판의 진화 측면에서 보면, 열곡대는 해령이 태어나기 직전의 모습이라고 말할 수 있다.

변환경계의 예는 변환단층밖에 없다. 이 경계에서는 판들이 서로 반대 방향으로 움직이며, 따라서 지각물질이 생성되거나 사라지지 않는다. 변환단층은 주로 해령과 해령 사이에 존재한다. 경계를 따라 판이 어긋나기 때문에 얕은 지진이 자주 발생하며, 화산활동은 거의 일어나지 않는다. 변환단층은 대부분 해저에 분포하지만, 이따금 육상에 드러난 경우도 있다. 육지에 있는 대표적인 변환단층으로는 북아메리카의 산안드레아스(San Andreas) 단층, 뉴질랜드의 알파인(Alpine) 단층, 그리고 홍해에서 북쪽으로 달리는 사해(Dead Sea) 단층이 있다. 이 중에서 가장 유명한 곳이 산안드레아스 단층이다.

산안드레아스 단층(그림 5-5)은 캘리포니아 만에서 출발하여 캘리포니아 주 서부를 가로지른 다음 태평양으로 들어가 해저의 멘도시노(Mendocino) 변환단층과 연결된다. 산안드레아스 단층의 길이는 약 1,300킬로미터이며, 이 단층을 경계로 동쪽은 북아메리카판, 서쪽은 태평양판이다. 미국 캘리포니아에서 지진이 자주 발생하는 것은 이 단층의 움직임 때문이며, 1906년에 일어났던 샌프란시스코 지진에 의하여 양쪽 판이 6미터가량 어긋나면서 엄청난 재앙을 가져왔다. 지금도 이 경계를 따라 북아메리카판은 동남쪽으로, 태평양판은 북서쪽으로 움직인다. 만일 현재와 같은 속도로 판이 계속 움직인다면, 단층 서쪽의 캘리포니아 땅

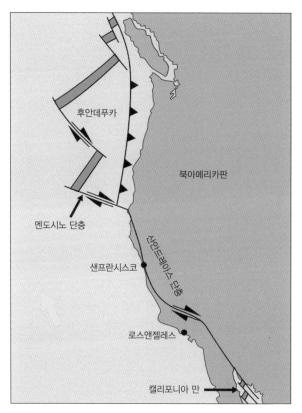

후안데푸카

북아메리카판

멘도시노 단층

산안드레아스 단층

샌프란시스코

로스앤젤레스

캘리포니아 만

그림 5-5. 산안드레아스 단층.

은 머지않아 북아메리카 대륙으로부터 떨어져 나가 섬이 될 것이고, 먼 훗날(약 5000만 년 후) 알래스카에 도착하여 그곳의 땅덩어리와 충돌할 것이다.

수렴경계는 판과 판이 충돌하는 경계로 해구와 조산대가 여기에 속한다. 그래서 충돌경계로 불리기도 한다. 충돌하는 판의 성격에 따라 해양판과 해양판, 해양판과 대륙판, 대륙판과 대륙판의 충돌로 나누어 생각할 수 있다.

해구는 해양판이 다른 해양판 또는 대륙판과 충돌하는 지역으로 무거운 해양판이 지구 내부로 들어가는 곳이다. 이 경계부에서 해양판이 섭입대를 따라 내려가면 반대편 판과 마찰이 일어나기 때문에 섭입대를 따라 얕은 지진과 깊은 지진(최대 670킬로미터 깊이)이 모두 일어난다. 깊이에 따라 온도와 압력이 증가하면 암석이 녹아 마그마를 형성하고, 이들의 화산활동에 의하여 해구와 나란히 화산섬들이 분포한다.

해양판과 해양판이 충돌하는 대표적 예는 태평양판과 필리핀해판이 만나는 마리아나(Mariana) 해구와 태평양판이 오스트레일리아판 아래로 들어가는 통가(Tonga) 해구 등이 있다. 이 섭입대 위에 있는 해양판에 줄지어 있는 화산들의 행렬을 호상열도(island arc)라고 부른다. 서태평양 가장자리를 따라 분포하는 알류샨열도, 일본열도, 필리핀열도, 그리고 인도양의 인도네시아 열도 등이 호상열도의 좋은 예이다.

해양판이 대륙판 아래로 섭입하는 대표적인 예는 남아메리카의 페루-칠레 해구와 안데스 산맥이다. 이곳에서는 서쪽의 나즈카판이 남아메리카판 아래로 섭입한다. 나즈카판은 해양판으로만 이루어지며, 섭입할 때 퇴적물의 일부를 함께 끌고 내려간다. 섭입한 나즈카판이 깊이 100~150킬로미터에 이르면, 높은 온도와 압력으로 인하여 녹아 현무암질 마그마를 형성한다. 이 마그마는 주변의 맨틀 암석보다 가볍기 때문에 부력에 의하여 위로 떠오른다. 이 모습은 마치 풍선이 서서히 떠오르는 모습

과 같다. 이 마그마는 상승하면
서 주변의 대륙지각과 섞이기
도 하는데, 그러면 마그마에 규
소 성분이 늘어나 마그마는 현
무암과 화강암의 중간에 해당
하는 안산암질 마그마가 된다.
이 안산암질 마그마는 화산으
로 분출할 때 폭발력이 매우 세
다. 현재 안데스 산맥 곳곳에
분출하고 있는 화산에서 만들
어진 화산암 중에는 안산암이
많다. 안산암은 영어로 andesite
라고 쓰는데, '안데스의 암석'이
란 뜻이다. 이 부근에서 흥미로
운 지질현상의 하나는 해양판
이 섭입하면서 해양판 맨 위에

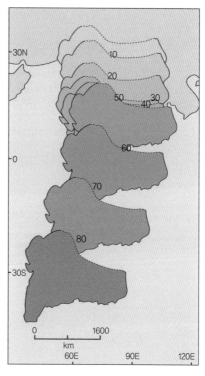

그림 5-6. 인도 대륙의 북상. 약 1억 년 전 곤드
와나 대륙을 떠난 인도 대륙은 북쪽으로 이동하여
5000만 년 전에 이르러 아시아 대륙과 충돌하기
시작하였다(그림 속 숫자의 단위는 백만 년 전).

있는 심해퇴적물의 일부가 마치 대패질할 때 깎이는 것과 비슷한 방식으
로 대륙판(남아메리카판) 가장자리에 달라붙는다는 점이다.

해양판과 대륙판이 계속 충돌하다 보면 언젠가는 해양판에 해당하는
부분이 모두 섭입될 것이다. 그러면 해양판 뒤에 따라오던 대륙판 부분
이 반대편의 대륙판과 충돌하게 된다. 이러한 충돌의 대표적인 예가 히

말라야 산맥이다(그림 5-6). 히말라야 산맥은 약 1억 년 전 곤드와나 대륙으로부터 분리된 인도 대륙이 북상하면서 인도 대륙 앞에 있던 해양판이 모두 섭입하고 난 뒤 아시아 대륙과 충돌하여 만들어진 산맥이다. 인도 대륙과 아시아 대륙의 충돌은 약 5000만 년 전에 시작되었으며, 현재도 진행 중이다. 현재는 인도 대륙판이 유라시아 대륙판 아래로 파고들면서 2개의 대륙지각이 겹쳐진 상태이기 때문에 히말라야 산맥 밑에서 대륙지각의 두께는 70킬로미터로 대륙지각 중에서 가장 두껍다. 이 충돌이 일어날 때 인도 대륙과 아시아 대륙 사이의 해양(테티스해)에 쌓였던 해양 퇴적물이 밀려 올라가 지구상에서 가장 높은 히말라야 산맥을 만들었다.

판구조론에 의하면 판들은 서로 상대적으로 움직인다. 느린 곳은 1년에 수 밀리미터에서 빠른 곳은 1년에 10센티미터 이상을 이동한다. 암석권의 판들은 축구공의 껍질처럼 빈틈없이 지구의 표면을 감싸고 있다. 따라서 어느 한 판이 움직이면, 그 움직임은 반드시 주변에 있는 다른 판에 영향을 준다. 예를 들면, 현재 남아메리카판이 아프리카판으로부터 멀어짐에 따라 대서양이 점점 넓어지지만, 반면에 태평양에서는 해령에서 새로운 해양지각이 생성되는 속도보다 해구 아래로 섭입하여 사라지는 속도가 더 빠르기 때문에 태평양의 넓이는 줄어든다. 따라서 지구 전체적으로는 균형을 이루고 있다. 판이 1년에 수 센티미터 이동한다고 말하면 무척 느리다고 생각되겠지만, 이를 지질학적 시간에서 보면 결코 느리지 않다. 예를 들어 어느 판이 1년에 5센티미터씩 이동하고 있다면, 1억 년 후에는 5,000킬로미터를 이동하니까 무척 빠르다고 할 수 있다.

현재 이처럼 판이 움직이고 있다면, 과거 지질시대 동안에도 판은 끊임없이 움직였을 것이다. 따라서 과거의 판 이동양상을 알아낼 수 있다면, 지질시대에 따른 대륙과 해양의 변천과정을 추적할 수 있을 것이다. 판구조론의 관점에서 대륙과 해양의 변천과정을 추적하는 일이 가능하다는 것을 보여 준 최초의 연구는 토론토 대학의 윌슨에 의하여 제시되었다.

판의 움직임과 윌슨주기

앞 장에서 소개한 것처럼 윌슨은 1966년 《네이처》에 '대서양은 닫혔다가 다시 열렸는가?'라는 흥미로운 제목의 논문을 발표하였다. 그는 고생대 때 북아메리카 대륙과 유럽/아프리카 대륙 사이에 있었던 대양이 판게아 대륙이 형성되는 과정에서 없어졌다가 중생대에 들어와서 판게아 대륙이 분리되면서 지금의 대서양이 탄생하였다는 가설을 발표하였다. 곧바로 이 가설을 야외에서 확인하려는 연구가 이어졌는데, 그 연구를 추진한 학자는 재미있게도 대서양 양 쪽에 있는 두 사람으로 케임브리지대학교의 존 듀이(John Dewey)와 뉴욕주립대학의 존 버드(John Bird)였다. 이들은 애팔래치아 산맥의 고생대층에 대한 층서와 지질구조를 종합하여 당시 대륙과 해양의 변천과정을 다룬 논문(Dewey and Bird, 1970)을 1970년 《미국 지구물리학회지》에 발표하였다(그림 5-7).

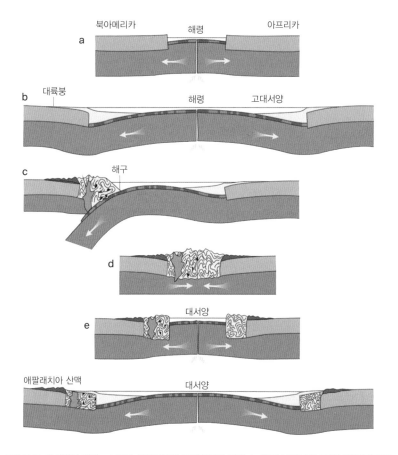

그림 5-7. 대서양의 진화. a: 후기 신원생대에 고대서양의 탄생, b: 전기 고생대의 고대서양(이아페투스 해양), c: 중기 고생대(이아페투스 해양이 닫히기 시작함), d: 후기 고생대─전기 중생대의 판게아 대륙, e: 쥐라기에 대서양이 열림, f: 현재의 대서양(Dewey and Bird, 1970).

신원생대 말(약 6억 년 전), 원래 한 덩어리로 있었던 대륙으로부터 북아메리카대륙과 아프리카대륙 사이가 갈라지면서 새로운 해양이 탄생하였다. 이들은 그 해양을 고대서양(Proto-Atlantic: 이 이름은 나중에 이아페투스로 바뀌었다.)이라고 명명하였다. 이 고대서양은 해저확장에 의하여 점점 넓어졌다. 대륙의 가장자리인 대륙붕과 대륙사면에는 대륙에서 운반되어온 퇴적물이 두껍게 쌓였다. 해양지각이 무거워져 해양의 가장자리에 해구가 생겨났고, 오래된 해양지각이 섭입되면서 고대서양은 그 폭이 점점 줄어들기 시작하였다. 고생대 중엽, 마침내 고대서양 양쪽에 있던 대륙이 충돌하여 합쳐졌는데, 이 시점은 판게아 초대륙이 만들어진 고생대 후기였다. 두 대륙의 충돌과정에서 그 사이에 있던 퇴적층들이 짓이겨져 복잡한 습곡산맥을 만들었다. 그 산맥은 오늘날의 히말라야산맥이나 알프스산맥처럼 높았을 것이다. 이 고생대 때 만들어졌던 산맥은 오랫동안 풍화 침식으로 낮아져 지금은 북아메리카에 애팔래치아산맥으로, 그리고 유럽에는 칼레도니아 산맥으로 그 흔적을 남겼다. 쥐라기에 판게아 초대륙이 분리되면서 북아메리카 대륙과 유럽/아프리카 대륙 사이에 새로운 해양이 탄생하였는데, 이 해양이 오늘날의 대서양이다. 이 새롭게 태어난 대서양은 다시 해저확장에 의하여 계속 넓어져 현재에 이르렀다.

　이 논문에서 고생대의 대륙과 해양의 변천과정을 제시한 것 외에 특히 주목할 만한 내용은 20세기 중반 이전의 지질학에서 그토록 중요하게 다루었던 지향사라는 개념(2장과 3장에서 언급)을 판구조론의 관점에서 설명하였다는 점이다. 예전에는 퇴적암이 두껍게 쌓인 과정을 설명할 때, 지향사라고하는 오목하게 생긴 퇴적분지에 퇴적물이 계속 쌓여 오늘날 애팔래치아 산맥처럼 엄청난 두께의 퇴적층이 만들어졌다고 생각했었다.

하지만 당시 학자들을 곤혹스럽게 했던 것은 현재 지구상 어디를 보아도 지향사라고 말할 수 있는 지형이 없다는 점이었다. 그런데 듀이와 버드는 논문에서 현재의 대륙붕과 대륙사면에 두껍게 쌓인 퇴적층이 대륙의 충돌에 의하여 짓눌리면 마치 지향사와 같은 모습이 만들어진다는 것을 보여 줌으로서 지향사 개념이 틀렸다는 점을 증명하였다. 이 논문은 판구조론이 단지 현재의 판 이동 양상만 보여 주는 것이 아니라 과거 지구에서 일어났던 일들을 명쾌하게 설명할 수 있는 이론이라는 것을 알려 준 훌륭한 연구였다.

이 연구 결과에 자극을 받은 지질학자들은 이처럼 초대륙이 만들어졌다가 갈라지는 사건이 지질시대동안에 여러 번 있었으리라고 생각했다. 이처럼 대륙이 갈라져 해양이 형성되고, 또 해양이 사라지고 새로운 대륙이 형성된 후 대륙이 다시 갈라지는 일련의 과정을 윌슨주기(Wilson Cycle)라고 부른다(그림 5-8). 1960년 대 중반, 그 내용을 처음 알아낸 윌슨의 업적을 기리기 위함이다.

윌슨주기의 시작은 대륙이 갈라지면서 형성되는 열곡대에서 출발한다. 현재 아프리카 대륙의 동쪽에 있는 동아프리카 열곡대가 대표적인 예이다. 열곡대가 확장되어 바닷물이 들어오면 새로운 해양이 탄생하게 되고(예. 홍해), 이 바다가 계속 확장되면 넓은 대양으로 발전한다. 현재 이 단계에 있는 해양의 예가 대서양이다. 대서양은 비교적 최근(약 1 억 년 전)에 열린 젊은 바다이고, 그래서 대서양에는 아직 큰 규모의 해구가 없다. 그러나 해양이 더욱 확장되어 해양판이 충분히 무거워지면, 판의 가

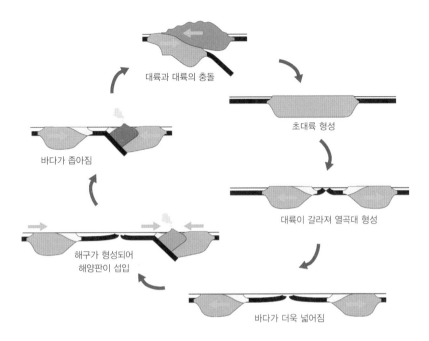

그림 5-8. 월슨주기.

장자리에 해구가 만들어져 오래된 해양판이 섭입하기 시작한다. 이 단계
에 있는 해양이 바로 태평양이다. 해구를 따라 해양판이 섭입하기 시작
하면, 결국 해양은 좁아진다. 오랜 기간이 지나 해양판이 모두 섭입하고
나면, 각 판의 대륙과 대륙이 충돌하는 형태로 바뀌게 된다. 현재, 아시
아 대륙과 인도 대륙이 충돌하고 있는 히말라야 산맥이 좋은 예이다. 오
랜 기간이 지나면 이들 사이의 충돌운동이 멈추고, 새로운 초대륙이 만
들어진다. 이 과정을 거쳐서 형성된 초대륙은 언젠가 또다시 갈라지게

그림 5-9. 지구의 모든 대륙이 모여 2억 년 후에 초대륙 아마시아를 형성.

될 텐데, 그러면 새로운 윌슨주기에 접어들게 된다. 어떤 학자들은 이 윌슨주기가 6~7억 년이라고 제안하기도 했다.

윌슨주기에 바탕을 둔 연구에 의하여 약 10억 년 전의 초대륙 로디니아(Rodinia)가 알려졌고, 이 로디니아가 갈라져 여러 개의 작은 대륙으로 나뉘었다가 3억 년 전 초대륙 판게아를 이루었다. 판게아 초대륙은 2억 년 전부터 갈라지기 시작하여 지금은 여러 개의 대륙으로 나뉘어져 있는 단계이므로 먼 훗날 또 다른 새로운 초대륙이 만들어지리라고 예상할 수 있다. 2012년 2월 예일대학 연구팀은 《네이처》에 발표한 논문에서 2억 년 후에 만들어질 초대륙 아마시아(Amasia)의 모습을 그려냈다.

판 이동의 원동력

앞에서 알아본 것처럼, 베게너는 대륙이동에 대한 확신이 있었지만 대륙을 이동시키는 힘을 제시하지 못하였다. 마찬가지로 지금 우리도 지구의 겉 부분을 이루고 있는 판이 이동한다는 것을 분명히 알고 있고, 맨틀 대류가 중요한 역할을 하리라고 생각하고 있지만, 구체적으로 어떤 힘들이 어떻게 작용하는지는 아직도 잘 모른다. 그러므로 판 이동의 원동력을 분명하게 알아낼 때까지 판구조론은 하나의 가설로 취급될 수밖에 없다.

지구의 겉 부분을 이루고 있는 암석권과 연약권은 위아래로 붙어 있기 때문에 서로의 움직임 또한 밀접하게 연결되어 있다. 바꾸어 말하면, 연약권이 움직이면 암석권도 움직이고, 암석권이 움직이면 연약권도 움직인다는 뜻이다. 간단해 보이지만 우리는 아직 어떤 움직임이 대륙이동에 더 중요하게 작용하는지 잘 모른다. 그러나 적어도 두 가지 사실은 명확히 알고 있다. 암석권(또는 판)은 움직이고 있고, 그 움직임의 에너지 원은 지구 내부의 열이라는 점이다. 그리고 지구 내부의 열은 맨틀 대류에 의하여 지구 표면으로 전달된다는 것도 알고 있다. 단지 현재 우리가 잘 모르는 사항은 대류에 의하여 지표면으로 열이 전달되는 과정에서 어떠한 메커니즘으로 판을 움직이게 하느냐 하는 점이다. 물론, 해령 아래의 연약권에서 상승하는 흐름과 해구 아래의 연약권에서 하강하는 흐름으로 판 이동을 설명하는 것이 가장 간단해 보이는데, 문제는 해령 자체가 섭입하는 곳—예를 들면, 동태평양 해령이 북아메리카 대륙 아래로 섭입한다(그림 5-5 참조).— 이 있기 때문에 연약권의 대류만 가지고 이 현상을 설명할 수 없다. 해령이 섭입한다는 사실은 해령에서 벌어지는 힘보다 더 큰 힘이 지구 내부 어디선가 작용해야하기 때문이다.

발산경계인 해령에서는 현무암질 해양지각이 생성되는 반면 대륙지각은 해구와 같은 수렴경계 부근에서 만들어지는데, 그 과정은 매우 복잡하다. 해구 부근에서 해양판은 대부분 맨틀 속으로 다시 들어가지만, 대륙판은 가벼워서 맨틀 속으로 들어가지 않는다. 그러므로 판 움직임에서 해양판이 기여하는 역할이 더 중요하다. 해양판은 마치 공장에서 물건을 실어 나르는 컨베이어 벨트처럼 움직이는 데 반하여 대륙판은 그 컨베이어 벨트 위를 타고 움직이는 물건과 같다. 예전에는 맨틀 대류를 중요하게 여겨서 연약권에서 일어난 대류에 의하여 암석권이 수동적으로 움직인다고 생각했는데, 최근에는 오히려 연약권이 암석권의 이동에 브레이크 역할을 하고 있는 현상도 알려졌다.

여기에서 판에 직접 작용하는 힘을 생각해 보면 세 가지가 가능해 보인다. 첫째, 해령 아래에서 마그마가 상승하면서 판을 양쪽으로 밀어내는 힘이다. 둘째, 해구를 따라 내려간 해양판의 무게에 의하여 판이 전체적으로 끌어당겨지는 힘이다. 셋째, 해령에서 해구까지 점점 깊어지면서 생긴 기울기 때문에 판 자체가 중력에 의하여 미끄러지는 힘이다(그림 5-10).

해령에서 미는 힘은 판에 횡압력으로 작용하지만, 해구에서는 섭입된 해양판이 당기는 힘이 관측 결과와 일치한다는 점에서 이 힘이 판 이동

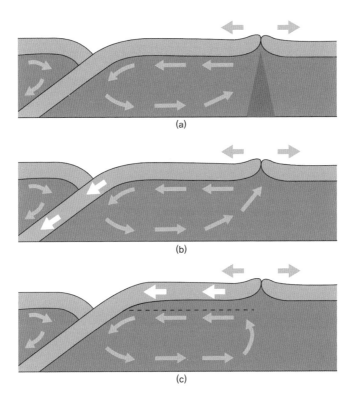

그림 5-10. 판에 작용하는 세 가지 힘. a: 해령에서 밀어내는 힘. b: 섭입하는 해양판이 잡아당기는 힘. c: 판이 경사면을 따라 미끄러지는 힘.

에 중요한 역할을 할 것이라고 생각한다. 만약 연약권에서의 대류로 판이동을 설명하려면 해령에서는 장력이 그리고 해구에서는 횡압력이 작용해야 할 것이다. 이 중에서 제일 중요한 역할을 하는 힘은 해구로 들어간 해양판이 끌어당기는 힘이다.

실제로 판 이동 속도가 판의 크기와 아무런 상관이 없고, 해양판이 섭입하는 해구가 있는 태평양판(10cm/년)이 섭입하는 해양판이 없는 유라시아판이나 아프리카판(1cm/년)보다 판의 이동속도가 훨씬 빠르다는 점도 해구에서 해양판이 끌어당기는 힘이 중요하다는 생각을 지지해 준다(그림 5-1 참조).

플룸 구조론

위에서 판 이동의 메커니즘을 다룰 때 생각한 범위는 암석권과 연약권의 깊이(약 670킬로미터)에 국한되었다. 여기에서 한 걸음 더 나가 생각해 보면, 섭입한 해양판이 지구 내부로 들어갔을 때 그 속에서 어떤 일이 벌어질지 궁금하다.

해양지각은 주로 현무암으로 그리고 상부 맨틀은 감람암으로 이루어졌을 것으로 추정된다. 해양판은 해양지각과 저속도층 위의 상부 맨틀을 포함하는 두께 약 70킬로미터의 구간이지만, 해양지각의 두께가 7킬로미터에 불과함으로 해양판의 평균 구성 성분을 감람암이라고 해도 무리가 없다. 감람암의 주 구성성분은 감람석(olivine, Mg2SiO4)으로 밀도는 약 3.3g/cm^3이므로 해양판의 평균 밀도도 3.3g/cm^3로 추정할 수 있다. 섭입하는 해양판이 지하 깊은 곳으로 내려가면 온도와 압력이 증가함에 따라 광물의 결정구조가 바뀌고 이에 따라 밀도가 증가한다. 실제로 지진파 관측에서 깊이 약 400킬로미터 지점에서 지진파의 속도가 갑자기 증가하는데, 이는 이 부분에서 감람석이 무거운 광물인 스피넬(spinel: 밀도 3.7g/cm³)로 바뀌기 때문이다. 더 깊은 곳 약 670킬로미터 깊이에서 지진파의 속도가 또 한번 갑자기 증가하는데, 이 부분에서는 스피넬이 더 무거운 광물인 페로브스카이트(perovskite, 밀도 3.99~4.27g/cm³)로 바뀌기 때문이다.

그러면 해양판이 상부 맨틀 바닥(깊이 670킬로미터)에 도달했을 때, 그곳에서는 어떤 일이 일어날까? 상부 맨틀은 하부 맨틀에 비하여 가볍기 때문에 상부 맨틀 바닥에 도착한 해양판은 곧바로 밑으로 내려가지 못하고, 그곳에 계속 쌓일 것이다. 이 과정에서 스피넬이 페로브스카이트로 바뀌어 무거워진 덩어리는 하부 맨틀 속으로 가라앉기 시작한다. 이렇게 내려간 덩어리들은 결국 맨틀의 바닥(깊이 2,900킬로미터)까지 내려가게 될 것이다.

최근 지구물리학자들은 지진파를 이용하여 지구 내부를 3차원적으로 들여다보는 연구 '지진파 토모그래피(seismic tomography)'에 의하여 지구 내부의 모습을 그려내기 시작하였다. 이 연구에 의하여 실제로 하부 맨틀 속에서 아래로 내려가는 판 물질이 있음을 알아내었다. 맨틀의 바닥에 도달한 차가운 덩어리가 핵 주변의 뜨거운 물질을 옆으로 밀어내면, 밀려난 뜨거운 하부 맨틀의 물질은 위로 상승하게 된다. 이처럼 물질이 상승하는 통로를 플룸이라고 부르며, 플룸은 지표면에서 열점으로 표현된다. 하부 맨틀에서 올라오는 물질의 상승류는 규모가 엄청나게 크기 때문에 이를 특히 거대 상승류(superplume)라고 부른다.

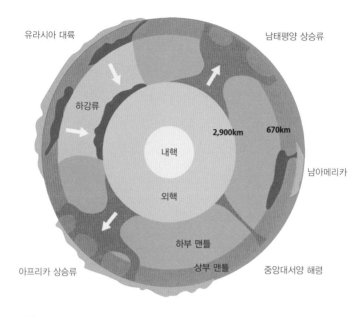

유라시아 대륙   남태평양 상승류

하강류

2,900km   670km

내핵

남아메리카

외핵

하부 맨틀

아프리카 상승류   상부 맨틀   중앙대서양 해령

그림 5-11. 플룸구조론에 의한 맨틀의 상승류와 하강류의 모습을 그린 개념도.

현재, 거대 상승류가 올라오는 곳으로 남태평양과 아프리카 대륙 두 곳을 지목하고 있고, 유라시아 대륙의 아래에는 차가운 암석덩어리로 이루어진 하강류가 있다는 연구 결과가 발표되었다(그림 5-11). 맨틀 구조에 관한 최근 연구에서는 하부 맨틀의 모습이 종전에 생각했던 것처럼 단순하지 않고, 크게 두 부분으로 나뉘며 그 경계면도 매우 불규칙적인 모습으로 그리고 있다.

1970년 판구조론이 과학계에 등장한 이후 사람들은 지구를 완전히 새로운 눈으로 보게 되었다. 지금 우리는 지구의 겉 부분이 여러 개의 판으로 나뉘어 끊임없이 움직이며, 그 결과 지진도 발생하고 화산도 분출한다는 사실을 잘 알고 있다. 그리고 지구 내부 맨틀에서의 열대류가 겉 부분의 판 이동에 중요한 역할을 한다는 것도 잘 알고 있다. 하지만 판구조론이 탄생한 지 40여 년이 지난 지금도 우리가 잘 모르는 것은 어떤 힘이 어떻게 작용하여 현재 지구의 겉과 속의 움직임을 조절하느냐 하는 점이다. 아직도 우리 지구에 대해서 모르는 내용이 많다. 지금 이 순간에도 많은 지구과학자들은 그 내용들을 알아내기 위해서 지구 곳곳을 누비며 연구에 매진하고 있다.

하와이 킬라우에아 이키 분화구를 걸으며

2014년 8월 31일 나는 서울대학교에서 정년퇴임하였다. 그 무렵 한반도 땅덩어리에 관한 나의 생각을 정리한《한반도 형성사》라는 책을 출간하였고, 이 책의 원고도 마무리하여 편집자에게 넘긴 상황이었다. 대학에서 30년 넘도록 강의와 연구에 수고한 자신에게 무언가 선물을 주고 싶었다. 고심 끝에 아내와 함께 해외여행을 계획한 다음, 목적지로 하와이를 골랐다. 지질학을 전공한 사람으로 지금도 활동 중인 화산을 방문하는 일이 의미가 있다고 생각했기 때문이다.

하와이 섬에 도착한 이튿날인 2015년 1월 27일, 아침 일찍 차를 몰아 하와이 화산국립공원으로 향했다. 용암과 가스를 뿜어내고 있는 킬라우에아 화산을 보기 위함이다. 주차장에 차를 세우고 전망대로 향했을 때 멀리서 힘차게 솟아오르는 흰 연기 기둥이 눈에 들어왔다. 가슴이 설레었다. 킬라우에아 화산은 대학 1학년 시절 '지질학개론' 수업에서 자주

들었고 이따금 TV에서 소개하는 다큐멘터리에서 친숙해진 화산이긴 하지만, 직접 보는 것은 처음이다. 우리 외에도 몇 사람들이 킬라우에아 화산의 할레마우마우(Halemaumau) 분화구 활동을 진지한 자세로 바라보고 있었다. 간헐적으로 들려오는 우르릉 소리에서 마치 가쁜 숨을 들이쉬고 있는 거대한 생물체라는 느낌을 받았다. 분화구가 전망대로부터 멀리 떨어져 있기 때문에 이글거리는 용암의 모습을 볼 수 없었지만, 분화구 밑에 소용돌이치고 있을 마그마방의 모습이 그려진다.

하와이 섬은 크게 다섯 개의 화산체로 이루어진다. 그중에서 하와이 섬의 대부분을 차지하는 북쪽의 마우나케아와 남쪽의 마우나로아는 4,000미터를 넘는 높은 화산으로 지금은 화산활동을 멈춘 상태이다. 섬의 가장 남쪽에 위치한 킬라우에아 화산은 하와이섬에서 가장 젊은 화산으로 30~60만 년 전에 분출하기 시작한 후 현재까지 활동하고 있다. 힘차게 수증기를 뿜어내는 할레마우마우 분화구를 바라보는 것도 좋은 경험이지만, 하와이 화산국립공원에서 가장 인상적인 것은 킬라우에아 화산 동쪽에 있는 킬라우에아 이키(Kilauea Iki) 분화구 위를 걷는 일이다. 킬라우에아 이키 분화구는 1959년 11월 14일 분출하기 시작하여 약 한 달 동안 엄청난 양의 용암을 뿜어낸 후 남겨진 흔적이다.

킬라우에아 이키 전망대에서 바라보면 곳곳에서 뿜어져 나오는 수증기 때문에 분화구는 마치 엄청나게 큰 프라이팬처럼 보인다. 나는 아내와 함께 킬라우에아 이키 탐방로로 들어섰다. 탐방로는 길이 약 7킬로미터로 처음에는 분화구 가장자리를 따라 열대우림의 숲 속을 따라 걷다가 킬라우에아 이키 분화구 바닥으로 내려가 분화구 위를 가로지르도록 조성되어 있다. 분화구 가장자리에서 발 아래로 보이는 분화구의 모습도 멋있지만, 지금도 약간 따뜻한 분화구 바닥을 걷는 기분은 정말 묘했다. 1959년 분출하여 암석으로 만들어졌으니까 내가 지금 걷고 있는 이 현무암은 나보다 나이가 젊다. 그동안 지질조사를 하면서 많은 암석을 만났지만, 나보다 젊은 암석을 만난 것은 이번이 처음이다.

하와이 섬을 방문하면서 느낀 점은 사람마다 다를 것이다. 하와이 섬의 멋진 경관에 매료되는 사람이 있는가하면, 흘러내리는 용암이나 분화구에서 거칠게 뿜어져 나오는 수증기 기둥에 두려움을 느낀 사람도 있을 것이다. 나는 킬라우에아 화산을 걸으면서 1960년대 초 이 섬을 찾았던 캐나다 지질학자 투조 윌슨을 떠올렸다. 당시 50대 초반의 그는 하와이 섬을 잠시 방문하는 여행에서 하와이열도의 지질학적 생성 과정을 독창적으로 생각해냈고, 그 연구는 판구조론의 등장에 중요한 실마리를 제공하였다. 나는 윌슨을 만나본 적도 없지만 과학자로서 그를 무척 존경하고 그의 업적을 부러워한다. 그는 판구조론과 관련된 중요한 연구내용으로 하와이열도의 생성 과정뿐만 아니라 변환단층의 개념, 그리고 오래 전에 사라졌던 고생대 바다 이아페투스 해양의 존재를 알아냈다.

지질학을 나의 업으로 선택한 지 40여 년이 흘렀다. 그동안 대학에서 강의와 연구를 해오면서 학생들에게 항상 미안하게 생각했던 부분 중 하나가 한반도 땅덩어리의 역사를 제대로 알려줄 수 없다는 것이었다. 나의 주 연구대상은 5억 년 전 무렵 바다에서 살았던 삼엽충이라는 생물이다. 우리나라에서 삼엽충 화석이 산출되는 곳은 강원도 남부(태백과 영월)의 태백산분지로 불리는 지역이다. 지금은 1,000미터가 넘는 산들이 솟아있는 태백산 일대가 5억 년 전에 바다였다는 사실을 믿기 어렵겠지만, 그곳 암석에 들어있는 삼엽충들이 5억 년 전에 태백산 일대가 바다였음을 알려주고 있다. 나는 삼엽충 화석을 통하여 5억 년 전 태백산분지에 있었던 바다의 모습을 알아내는데 연구의 초점을 맞추었다. 연구를 처음 시작했을 때는 태백산분지에 자리했던 바다의 모습을 떠올리기가 쉽지 않았다. 이 바다가 태평양 같은 바다인지 동해 같은 바다인지 아니면 서해 같은 바다인지 전혀 그림을 그릴 수 없었다.

내가 5억 년 전 태백산분지의 모습을 어렴풋이 그릴 수 있게 된 것은 연구를 시작하여 20여년이 흐른 2008년 무렵이었다. 그 바다는 오늘날 서해와 비슷한 얕은 바다였는데, 위치는 적도 부근이었고 바다 건너편에 현재의 오스트레일리아 북부지역이 마주하고 있었다. 연구를 시작한 지 20여 년 지나서야 어렴풋한 그림을 그릴 수 있었으니, 한반도 형성 과정을 그린다는 것은 생각할 수도 없는 일이었다. 그러나 5억 년 전 태백산분지의 모습을 그린 후 얼마 지나지 않아 다른 시대의 한반도 모습을 그려낼 수도 있겠다는 생각이 들었다. 그 후, 나는 한반도 형성 과정에 관한 연구에 몰두하였고, 그 결과 한반도 형성 과정에 관한 생각을 어느 정도 정리할 수 있었다. 그리고 그러한 생각을 다른 사람들과 공유하고 또 비판을 받아야겠다는 생각으로 발전하였다. 그 생각을 다듬은 결과물이 최근 서울대학교 출판부에서 출간된《한반도 형성사》다. 하지만 이 책은 전문적인 내용을 담았기 때문에 지질학을 전공한 학자 또는 학생들이 읽기에 적합하며 일반인들이 읽기에는 부담이 있다.

　나는 한반도 땅덩어리를 연구한 지질학자로서 일반인들도 우리 땅의 역사를 어느 정도 이해할 수 있기를 기대한다. 그래서 현재 또 다른 책을 준비하고 있다. 내가 그동안 연구한 암석은 주로 5억 년 전에서 10억 년 전에 형성되었기 때문에 내가 암석을 연구과정을 따라가면서 한반도 땅덩어리의 역사를 소개하려고 한다. 이러한 노력을 통해 앞으로 한반도 땅덩어리를 연구하려는 젊은이들이 더 많아지기를 기대해 본다.

참고 문헌

- Airy, G.B., 1855, On the computation of the effect of attraction. Philosophical Transactions of the Royal Society, v. 145, p. 101-104.

- Benioff, H., 1954, Orogenesis and deep crustal structure: additional evidence from seismology. Bulletin of the Geological Society of America, v. 65, p. 385-400.

- Chamberlin, T.C., 1899, Lord Kelvin's address on the age of the Earth as an abode fitted for life. *Science*, v. 9, p. 889-901.

- Cox, A., Doell, R.R., and Darymple, G.B., 1963, Geomagnetic polarity epochs and Pleistocene geochronometry. *Nature*, v. 198, p. 1049-1051.

- Darwin, G., 1879, Precession of a viscous spheroid and the remote history of the Earth. Philosophical Transactions of the Royal Society of London, v. 179A, p. 447-538.

- Dewey, J.F. and Bird, J.M., 1970, Mountain belts and the new global tectonics. *Journal of Geophysical Research*, v. 75, p. 2625-2647.

- Dietz, R.S., 1961, Continent and ocean basin evolution by spreading of the sea-floor. *Nature*, v. 190, p. 854-857.

- Du Toit, A.L., 1937, Our wandering continents: an hypothesis of continental drifting. Oliver and Boyd.

- Heezen, B.C., Tharp, M., and Ewing, M., 1959, The floor of the oceans, 1: North Atlantic. Geological Society of America, Special Paper no. 65.

- Heirtzler, J.R. and Le Pichon, X., 1965, Crustal structure of the mid-oceanic ridges, pt. 3: Magnetic anomalies over the Mid-Atlantic Ridge. *Journal of Geophysical Research*, v. 70, p. 4013-4033.

- Hess, H.H., 1962, History of ocean basins. In Petrologic Studies: a Volume in Honor of A.F. Buddibgton, A.E.J. Engel, H.L. James and B.F. Leonard (eds.), p. 599-620. New York, Geological Society of America.

- Holmes, A., 1931, Radioactivity and earth movements. *Transactions of the Geological Society of Glasgow*, v. 18, p. 559-606.

- Holmes, A., 1944, *Principles of Physical Geology*, London, Thomas Nelson.

- Hutton, J., 1788, Theory of the Earth; or an Investigation of the Laws Observable in the Composition, Dissolution, and Restoration of Land upon the Globe. *Transactions of the Royal Society of Edinburgh*, v. 1, p. 209-304.

- Hutton, J., 1795, *Theory of the Earth with Proofs and Illustrations*. William Creech.

- Isaacks, B., Oliver, J., and Sykes, L.R., 1968, Seismology and the new global tectonics. *Journal of Geophysical Research*, v. 73, p. 5855-5899.

- Jeffreys, H., 1924, *The Earth*. Cambridge University Press.

- Koppen, W. and Wegener, A., 1924, *Die Klimate der geologischen Vorzeit*. Berlin.

- Lyell, C., 1830-1833, *Principles of Geology*. John Murray.

- Mason, R.G. and Raff, A.D., 1961, A magnetic survey of the west coast of North America, 32°N - 42°N. *Bulletin of the Geological Society of America*, v. 72, p. 1259-1265.

- Matuyama, M., 1929, On the direction of magnetisation of basalt in Japan, Tyosen and Manchuria. *Proceedings of Imperial Academy of Japan*, v. 5, p. 203-205.

- McKenzie, D.P. and Morgan, W.J., 1969, Evolution of triple junctions. *Nature*, v. 224, p. 125-133.

- McKenzie, D.P. and Parker, R.L., 1967, The North Pacific, an example of tectonics on a sphere. *Nature*, v. 216, p. 116-120.

- Morgan, W.J., 1968, Rises, trenches, great faults and plate motions. *Journal of Geophysical Research*, v. 73, p. 1959-1982.

- Pitman, W.C. III and Heirtzler, J.R., 1966, Magnetic anomalies over the Pacific-Antarctic Ridge. *Science*, v. 154, p. 1164-1171.

- Pratt, J.H., 1855, On the attraction of the Himalaya mountains. *Philosophical Transactions of the Royal Society*, v. 145, p. 53-100.

- Runcorn, S.K., 1959, Rock magnetism. *Science*, v. 129, p. 1002-1011.

- Smith, W., 1815, A Delineation of the Strata of England and Wales, with Part of Scotland. John Carey.

- Steno, N., 1669, Nicolaus Stenonis de solido intra soliddum naturaliter contento: dissertationis prodromus. Florence.

- Stevenson, D.J., 2003, Planetary Science: Mission to Earth's core – a modest proposal. *Nature*, v. 423, p. 239-240.

- Sykes, L.R., 1963, Seismicity of the South Pacific Ocean. *Journal of Geophysical Research*, v. 68, p. 5999-6006.

- Taylor, F.B., 1910, Bearing of the Tertiary mountain belts in the origin of the earth's plan. *Bulletin of the Geological Society of America*, v. 21, p. 179-226.

- Verne, J., 1864, *Voyage au centre de la Terre*. Pierre-Jules Hetzel.

- Vine, F.J., 1966, Spreading of the ocean floor - new evidence. *Science*, v. 154, p. 1405-1415.

- Vine, F.J. and Matthews, D.H., 1963, Magnetic anomalies over oceanic ridges. *Nature*, v. 199, p. 947-949.

- Vine, F.J. and Wilson, J.T., 1965, Magnetic reversals over a young oceanic ridge off Vancouver Island. *Science*, v. 150, p. 485-489.

- Wegener, A., 1915, 1919, 1922, 1929, Die Entstehung der Kontinente und Ozeane.

- Willis, B., 1944, Continental drift, ein Marchen. *American Journal of Science*, v. 242, p. 509-513.

- Wilson, J.T., 1963a, A possible origin of the Hawaiian islands. *Canadian Journal of Physics*, v. 41, p. 863-870.

- Wilson, J.T., 1963b, Hypothesis of the Earth's behaviour, *Nature*, v. 198, p. 925-929.

- Wilson, J.T., 1963c, Continental drift. *Scientific American*, v. 208, p. 86-100.

- Wilson, J.T., 1965, A new class of faults and their bearing on continental drift, *Nature*, v. 207, p. 343-347.

- Wilson, J.T., 1966, Did the Atlantic close and then re-open? *Nature*, v. 211, p. 676-681.

찾아보기

ㄱ

고생대 • 17, 89, 103, 104, 114, 118, 193~194,
 219~221, 234

고지자기(학) • 150, 172~177, 179, 180~181,
 183~184, 196

곤드와나 • 66, 68~69, 82, 118, 136~137,
 194, 217~218

관입의 법칙 • 18

광물 • 28, 30, 50, 62, 172, 174, 179, 182,
 228~229

그랜드 캐니언 • 16~18, 23~24, 73

극지방 • 45, 66, 103~104, 114

글로소프테리스 • 68~69, 94

기요, 아놀드 • 152

길버트, 그로브 • 81

ㄴ

냅 • 75, 107

노아의 홍수 • 21, 39, 57~59, 67

누중의 법칙 • 18

ㄷ

다나, 제임스 • 62~63, 65, 70, 73
 지각불변론 • 63, 65, 70, 73, 97

다윈, 조지 • 59~61, 76, 175

다윈, 찰스 • 49~52, 56, 59, 150
 《종의 기원》 • 49, 52

단순수축론 • 65

달 • 47, 56~57, 59~61, 82~85, 104, 114~116,
 153

대륙이동 • 57, 75, 84~85, 89, 93~95, 99,
 102, 104, 106, 110, 112~125, 127, 136,
 138~139, 141, 154, 163, 168, 172,
 175~177, 180, 186~188, 194~196, 198,
 201~202, 206, 225

대륙이동설 • 53, 82, 85, 88, 90, 93, 96,
 106~124, 126~127, 131~136, 138~139,
 172, 174~175, 186~188, 194, 196

대륙지각 • 41, 89, 99, 135, 147, 161~162,
 167~169, 171, 209~210, 217~218, 226

더턴, 클래런스 • 73, 77

데일리, 레지널드 • 116, 134~136

동물군 천이의 법칙 • 18, 30

동일과정설 • 27, 34~36, 38~40, 48, 51, 53

두 토와, 알렉산더 • 134~138
 《떠도는 대륙》 • 136~137

디에츠, 로버츠 • 170, 180~181

ㄹ

라몬트 지질연구소 • 156~157, 160~163,
 171, 188~189, 194~197, 200~202
 비마호 • 161~162

라이엘, 찰스 • 27, 36~40, 47~49, 66, 145
 《지질학원리》 • 27, 36~40, 47

렁컨, 키스 • 175~177, 187, 195~196
  극이동곡선 • 176~177, 195
로디니아 • 224

ㅁ

맨틀 • 65, 71~72, 79, 120, 134~135, 139~141, 162, 169, 210~211, 216, 226, 228~231
맨틀 대류 • 53, 120, 139~141, 144, 168~169, 175, 201, 203, 225~226
메소사우르스 • 94, 101
모호로비치치, 안드리아 • 78~79
  모호면(불연속면) • 78~79, 162
미아석 • 35~36, 39

ㅂ

반 데르 린트, 아르놀트 • 74~75
백악기 • 75, 85, 116
버클랜드, 윌리엄 • 37
베게너, 알프레드 • 53, 85, 88~99, 101~134, 136~137, 141, 186, 188, 225
  고기후 • 95, 102~103, 105, 114, 132
  그린란드 탐험 • 66, 89~90, 92~93, 95, 103~105, 125, 127~128, 130~131, 141
  《대륙과 해양의 기원》 • 96, 98, 103, 106~108, 110~111, 114, 116~117, 127, 133
  알폰소 표 • 90~91
베게너, 쿠르트 • 90~92, 126
베닝-마이네스, 펠릭스 • 147~149, 151, 154, 200
베르너, 아브라함 • 24, 34
베르트랑, 마르셀 알렉상드르 • 74~75, 107
변환경계 • 211, 214

부정합 • 18, 24, 26
불러드, 에드워드 • 150, 157~158, 162, 167, 173, 180, 183, 186~188, 198
  다이나모 이론 • 173
블래킷, 패트릭 • 173~175, 187
  지구자기장 • 173, 178~179, 181~183, 192, 197
빙하시대 • 24, 48, 138, 150
빙하퇴적층 • 68, 89, 103~104, 114, 118, 121

ㅅ

산안드레아스 단층 • 81, 191, 214~215
삼엽충 • 123, 192~193
석탄기 • 23, 68, 105
섭입(대) • 135, 200, 209, 216~218, 221, 223, 225~228
세지윅, 아담 • 32, 39~40
수렴경계(충돌경계) • 211, 215, 226
수성론 • 24, 27, 34
스미스, 윌리엄 • 29~34
스크립스 해양연구소 • 146, 161, 177
스테노, 니콜라우스 • 19~21, 23~24
스파이더-펠리그리니, 안토니오 • 57~59

ㅇ

아르강, 에밀 • 107~109
아마시아 • 224
아틀란티스 • 66~68, 82, 146, 154
암석 • 11~12, 16~21, 23~26, 28~29, 34~36, 38~40, 46~48, 51~52, 55, 61, 63~64, 72, 77, 99, 102~104, 107, 139, 149~151, 156, 162, 169, 171~172, 174~176, 179, 182~184, 195, 209, 216~218, 230

암석권 • 210, 218, 225~226, 228

에어리, 조지 • 71~72

열곡대 • 148, 158, 211~212, 214, 222

　동아프리카 열곡대 • 158, 212~213, 222

온도 • 46, 51, 53, 62, 64, 77, 134, 162, 172, 209~210, 216, 228

올드햄, 리처드 • 77, 79, 112

우즈홀 해양연구소 • 146~147, 154~155, 161

윌슨, 투조 • 150, 159~160, 181, 184~186, 188~193, 196, 219, 222, 234

　변환단층 • 190~192, 201, 206, 214, 234

　열점 • 185~186, 229

　윌슨주기 • 219, 222~224

　플룸 • 184~186, 228~230

유잉, 모리스 • 150, 152~159, 162~164, 166, 168, 171, 194, 196, 198~202

　탄성파 탐사기법 • 152~154

이에링, 헤르만 폰 • 94

ㅈ

자기이상도 • 178~179, 181, 183, 191~192

제프리스, 헤롤드 • 113~114, 127, 141, 158

조석력 • 47, 82, 104, 114

쥐스, 에두아르트 • 64~66, 68, 70, 72, 82, 84, 107~109, 136~137

　마른 사과 • 66

지각 • 53, 56, 58, 63, 65, 70~73, 77, 79, 89, 99, 108, 113, 114, 120, 134~135, 141, 163, 178, 183, 189~191, 209~211, 214

지각열류량 • 158, 167~169, 211

지각평형 • 71~73, 97, 99, 101, 115, 138, 147

　지각평형설 • 41, 81

지구수축설 • 41, 56, 62~64, 69~70

지구의 나이 • 40, 48~52, 66, 76, 111, 200

지진 • 77~81, 106, 148, 164, 189~192, 198~201, 209, 211, 214, 216, 229, 231

지진파 • 77, 79~81, 150, 154~155, 157, 161, 209, 228~229

　저속도층 • 209~210, 228

　P파(종파) • 78~80

　S파(횡파) • 78~80

지질 현상 • 26, 131, 168, 217

지질도 • 30~33, 136

지질학 • 18~19, 24, 28, 31~34, 37~38, 47, 49, 51, 54~55, 61, 66, 75, 81, 83, 85, 88, 93, 95, 97, 100~101, 108, 111, 113, 119~120, 124~125, 132, 134~140, 144, 149, 157, 159~160, 177, 218, 221

지층겹쌓임의 법칙 • 18~19, 21, 23

지층수평성의 법칙 • 18~19

지층연속성의 법칙 • 18~19

지향사 • 63~64, 120~122, 135, 221~222

진화 • 48~50, 138, 175, 182, 214, 220

ㅊ

챌린저 호 • 145~146

천변지이설 • 34~36

체임벌린, 토머스 • 52~56, 73, 83, 122

　미행성설 • 55, 83, 120, 122

　원시 지구 • 55~56

초대륙 • 68, 101, 103~104, 186, 221~224

침식 작용 • 24~26, 73

ㅋ

캄브리아기 • 23, 192

콜로라도 고원 • 23~24, 73

쾨펜, 블라디미르 • 94~96, 102, 106, 126
퀴비에, 조르주 • 35~37, 39

ㅌ

태양 • 47, 49~51, 55, 83, 104, 114
테일러, 프랭크 • 82~85, 89, 116~117, 121
　행성형성이론 • 84
테티스해 • 68, 137, 218
톰슨, 윌리엄(켈빈 경) • 40, 48~55, 59~60, 76
퇴적물 • 21, 55, 63~64, 103, 120~121, 135, 155~156, 161~162, 180, 216, 221
트라이아스기 • 69, 75, 174

ㅍ

판게아 • 103~105, 118, 137, 186, 193, 219~221, 224
판구조론 • 41, 64, 133, 135, 148, 150, 160~161, 163, 188, 202~203, 206~207, 209~210, 218~219, 221~222, 225, 230
　대륙판 • 209, 216~217, 226
　북아메리카판 • 208, 212, 214
　유라시아판 • 208, 212, 228
　태평양판 • 209, 214, 216, 228
　판구조 지도 • 208~209, 211~212
　판의 경계 • 208~209, 211
　해양판 • 203, 209, 216~218, 222~223, 226~229
페름기 • 23, 69, 75, 101, 114, 121
프랫, 존 • 70~72
플라이스토세 • 24, 179
피셔, 오스먼드 • 52~53, 60~61, 76, 139
　《지각의 물리학》 • 52
필드, 리처드 • 148~154, 157~158, 160

ㅎ

해구 • 147~148, 163, 200~203, 206, 209, 215~216, 218, 220~223, 225~228
해령 • 162~169, 182~183, 188~190, 192, 197, 200~202, 206, 209~214, 218, 220, 225~227
　대서양 중앙해령 • 84, 155~156, 161~166, 180, 189, 211
　동태평양 해령 • 197
　칼스버그 해령 • 148, 180, 182, 191
　후안데푸카 해령 • 196
해양지각 • 41, 99, 113, 138, 161~163, 167~171, 177, 182~184, 189, 191, 200~201, 203, 209~210, 218, 221, 226, 228
해양학 • 147, 160~161
해저지형 • 164~165, 177, 188, 200
해저확장(설) • 148, 170~171, 176, 180~184, 189, 191~192, 194~198, 201~202, 221
허턴, 제임스 • 24~27, 38, 40, 47
헤스, 해리 • 148~152, 154, 162~163, 168~171, 176, 181~182, 184~185, 188, 190, 198, 201
혓바닥 돌 • 19~21
홈스, 아서 • 120, 134, 139~141
홉킨스, 윌리엄 • 47, 72
홍수 • 20~21, 23, 36, 39, 57~59, 67
화산 • 21, 36, 38~39, 106, 121, 134, 165, 184~185, 211, 214, 216~217, 231
화석 • 19, 20, 23. 29~32, 36, 65, 68, 89, 93~94, 101, 119, 123, 136~138, 193, 235
훔볼트, 알렉산더 • 37, 57
히젠, 브루스 • 164~166, 168, 189

내가 사랑한 지구

1판 1쇄 발행일 2015년 4월 20일
1판 5쇄 발행일 2023년 5월 15일

지은이 최덕근

발행인 김학원
발행처 (주)휴머니스트출판그룹
출판등록 제313-2007-000007호(2007년 1월 5일)
주소 (03991) 서울시 마포구 동교로23길 76(연남동)
전화 02-335-4422 **팩스** 02-334-3427
저자·독자 서비스 humanist@humanistbooks.com
홈페이지 www.humanistbooks.com
유튜브 youtube.com/user/humanistma **포스트** post.naver.com/hmcv
페이스북 facebook.com/hmcv2001 **인스타그램** @humanist_insta

편집주간 황서현 **편집** 임은선 **디자인** 민진기디자인
조판 홍영사 **용지** 화인페이퍼 **인쇄·제본** 정민문화사

ⓒ 최덕근, 2015

ISBN 978-89-5862-797-5 03450

- 이 책은 저작권법에 따라 보호받는 저작물이므로 무단 전재와 무단 복제를 금합니다.
- 이 책의 전부 또는 일부를 이용하려면 반드시 저자와 (주)휴머니스트출판그룹의 동의를 받아야 합니다.